JN417645

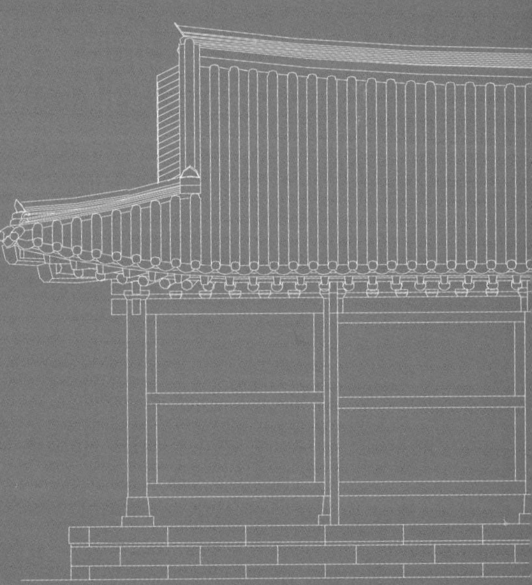

– 우리조상의 지혜가 담긴 –

전통 한옥 짓기

전통한옥짓기

지 은 이 황용운
펴 낸 이 김선문

펴 낸 곳 도서출판 발언
주 소 130-823 서울 동대문구 용두동 138-41 두산베어스타워 203-1호
출판등록 1993년 6월 1일 제 6-0275호
대표전화 02)929-3546
팩 스 02)929-3548
1 판 2 쇄 2007년 11월 25일
I S B N 89-7763-070-3
정 가 18,000원

| 만든 사람들 |

편집기획 김관중
편집디자인 studio DnA

- 우리조상의 지혜가 담긴 -

전통 한옥 짓기

황용운 지음

발언

머 릿 글

대학과 대학원에서 건축을 공부하고, 건축설계사무소에서 실무 경험을 거쳐 학교에 몸 담기까지 소규모 일반 주택, 대형 프로젝트인 삼성동 아셈(ASEM) 프로젝트에 참여하는 등 현대 건축의 많은 분야를 경험하는 동안 우리나라 전통건축에 관한 깊은 생각은 거의 해본 일이 없었습니다. 이는 대학원에서 한국건축을 전공한 건축인을 제외하고는 거의 모든 건축인들이 나와 같은 입장일 것이라 생각합니다.

이런 상황에서 2003년 9월 본인이 몸 담고 있는 학교 부지 내에 대형 전통건축 공사가 시작되면서 학교 재단 측에서 공사 전 과정을 기록해 줄 것을 제안해왔습니다. 사실 학교에서 학생들을 상대로 한국건축사를 가르치고는 있었지만 실질적인 전통건축 시공현장 경험이 없는 나로서는 조금은 당황스럽기도 했고 부담스러운 일이기도 했습니다. 제안을 받고 연구실에서 관련서적을 뒤적이며 전통건축에 관한 부족한 지식을 스스로 깨달았고, 학기 중 강의 등으로 인하여 기록과정을 소홀히 할 것 같은 불안감 등으로 인하여 많은 고민도 했습니다. 그러나 전통건축은 흔하지 않은 공사이고 학생들에게 한국건축을 가르치고 있는 나로서는 너무나 좋은 경험이 될 수 있다는 욕심스러운 생각에 두려웠던 생각도 잠깐 잊어버리고 학교 측의 제안을 승낙했습니다.

본 건물의 건립목적은 경북북부 지방의 유·불교 정신과 선비사상의 맥을 잇는다는 개념에서 학생들의 선비정신 함양과 성년식과 같은 다양한 전통행사에 사용될 목적으로 건립되었고 시작에서 완공되기까지 거의 1년 6개월의 공기가 소요되었으며 건물규모는 약 100평 정도로 15억원이라는 엄청난 공사비용이 소요되었습니다.

규모면에서 전통건축에 대한 경험이 없는 본인으로서는 감당하기 힘든 일이였기에 강의가 없는 시간에는 거의 매일 현장을 방문했고, 공사에 바쁜 목수와 와공 뿐 아니라 다른 인부들이 귀찮아 할 정도로 공사과정에 관하여 많은 것을 물어보고 이야기도 나누었습니다. 또한 엄청난 양의 사진을 찍었고 찍은 사진은 연구실에서 날짜별 정리와 관련 전공서적과 논문들을 뒤져가며 매일매일 공사 진행과정을 기록하였습니다. 이런 과정 중에 나도 모르게 전통건축에 관한 많은 지식들이 쌓여가고 있는 것을 느꼈고 전통건축에 대한 조상들의 슬기로운 지혜들을 깨달을 수 있는 정말 소중한 시간임을 알 수 있었습니다.

공사과정 중 공사가 중단되는 동절기 동안 전통건축에 대한 좀더 구체적인 사례들을 수집하기 위하여 동료교수(김종하)와 함께 경상도에서 전라도지방에 이르기까지 전통건축을 답사했던 시간들은 전통건축에 대한 안목을 높일 수 있었던 너무나 좋은 시간이었고, 바쁜 현장 관리에도 불구하고 본인에게 전통건축에 대한 조언과 격려를 해주신 세양이앤시(주)(문화재 개 · 보수 전문시공회사) 최윤화 사장님, 주말이면 현장을 꼭 방문하시고 공사 과정을 체크하시는 최현우 이사장님의 전통건축에 대한 관심은 건축을 가르치고 공사과정을 기록하는 본인으로 하여금 많은 것을 깨닫게 해주었습니다. 또한 1년 6개월 공사과정을 기록하고 정리하는 동안 물심양면으로 도움을 주시고 마지막 정리된 원고를 보시고 격려를 아끼지 않으신 동양대학교 최성해 총장님, 그리고 부족한 지식의 정리임에도 불구하고 저의 원고를 기꺼이 출판해주신 발언의 김선문 사장님에게 깊은 감사를 드립니다.

마지막으로 후대 뿐 아니라 현대 한옥을 시공하는데 조금이라도 도움이 될 수 있는 길잡이가 되었으면 합니다.

2006년 2월 1일 소백산 기슭에서 황 용운

목 차

5. 마루 공사와 흙벽 공사 117

6. 수장 공사 및 부대 공사 145

7. 외부 공간 공사 203

8. 입주식 225

1

건설의 개요 및 한옥의 이해

건설 개요

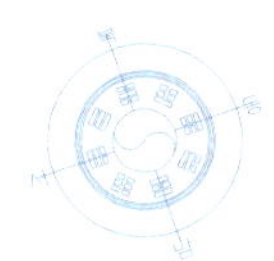

현 황

본 공사는 2003년 6월 초에서 2004년 8월 말로 약 15개월(겨울 공사 중단 약 2개월 포함)에 걸쳐 이루어졌다. 대지 위치는 경북 영주시 풍기읍 교촌1번지 동양대학교내 정문 좌측 언덕 위에 자리하고 있다. 공사방식은 기초에서 완공까지 전통 목조 건축방식(架構式)으로 건설되었고, 건물 규모는 정면 9칸 측면 4칸(툇칸 포함)에 2칸×2칸 크기의 누마루와 방이 추가되어 총 44칸으로 비교적 규모가 큰 목조건축이다. 현대식 건축면적으로는 321.75㎡(97.32평)이며, 목조건축 형식은 익공 형식에 소로수장으로 이루어졌다. 좌향은 정남에서 서쪽으로 약 15° 정도 치우쳐 자리하고 있다.

건축 개요

- ○ 공 사 명 : 동양대학교 인성 교육관(현암정사 : 玄巖 亭舍) 신축공사
- ○ 대지위치 : 경북 영주시 풍기읍 교촌1동
- ○ 건 축 주 : 학교 법인 현암(玄巖) 학원 / 동양대학교
- ○ 지역·지구 : 자연녹지 지역 / 학교시설용지
- ○ 대지규모 : 3,275㎡ (990.68평)
- ○ 층 수 : 지상 1층
- ○ 형 식 : 2고주 7량집 익공 형식에 소로수장 가(家)
- ○ 건축면적 : 321.75㎡(97.32평)
- ○ 연 면 적 : 321.75㎡(97.32평)
- ○ 건 폐 율 : 9.82 %
- ○ 용 적 률 : 9.82 %
- ○ 설 계 : 태창 건축사 사무소(서울)
- ○ 감 리 : 녹양 건축사 사무소(서울)
- ○ 시 공 : (주)동양 건설(대구)
- ○ 도 편 수 : 김용기 외 9명 (목수)
- ○ 총 지 휘 : 신 영훈 (韓屋文化院 院長)

주요 사용부재 현황(사용단위:㎜)

- ○ 서 까 래 : 장연길이 3,650 × ø170 / 단연길이 1,670 × ø170
- ○ 각 기 둥 : 평주 - 3,600 × 300 × 300 (고주 : 약 4,200) - 육송 사용
- ○ 원 기 둥 : 평주 - 3,600 × ø360
- ○ 대 들 보1 : 510×630 - *다글라스 사용
- ○ 대 들 보2 : 420×510 - 다글라스 사용
- ○ 중 보 : 420×510 - 다글라스 사용
- ○ 종 보 : 300×360 - 다글라스 사용
- ○ 종(중, 주심)도리 : ø330 육송사용
- ○ 창 방 : 300 × 120
- ○ 장 여 : 180 × 120

* 다글라스는 침엽수(Soft wood)로 북미나 러시아, 캐나다 등지에서 생산되며 주로 포장재, 건축재 및 산업용으로 많이 쓰인다.

공종별 공사 업체

- ○ 기 와 공 사 : 고령기와 - 이근복 (고령기와)
  와공 - 이정도, 이성식, 은희산, 최정국, 이춘복, 김선울, 나석균
- ○ 난방필름 공사 : (주) 우창 - 박광래씨 외 4명
- ○ 내장단열 공사 : 골드산업개발
- ○ 도 배 공 사 : 용택상사 - 이재희 외 4명
- ○ 목 수 : 도편수 - 김용기
  편 수 - 김종일, 박준길, 구연구, 이재호, 김종욱, 강재복,
  이광복, 유광수 외5명
  목 재 - 유창임업사
- ○ 목창호 및 문틀 : 성심예공원 - 심용택씨, 이우성 외 2명
- ○ 목재오일처리 : (주)소하드 - 박영기씨 외 5명
- ○ 바 닥 도 장 : 중앙상사 - 전명중
- ○ 벽 체 단 열 : 골드산업개발 - 김시습씨 외 2명
- ○ 석 공 사 : 시대개발(주) - 이홍균씨 외 4명
- ○ 옥 미 장 : 춘천옥 - 윤잔홍씨 외 7명
- ○ 유 리 공 사 : 하나건업 / 우성유리 - 권용준
- ○ 위 생 도 기 : 가야타일 - 하남효
- ○ 잡 철 물 : 로만 금속공방 - 최교준
- ○ 전 기 공 사 : 풍기전기 - 노명성
- ○ 정 화 조 : 정산엔지니어링 - 정연만
- ○ 타 일 : (주)동우세라믹스
- ○ 흙 미 장 : 대표자 - 이종진
  미장공 - 조규백, 고정철, 최기영, 이덕기, 이승원, 김양곤,
  고정식 외 3인

공종별 공사 비용

아래에 소개된 외주비, 노무비, 자재비 등 순수 공사비용은 약 12억 정도 소요되었으며, 이외 본 공사에 소요된 금액이 약 3억 정도 추가 비용이 소요되었다. 건축 면적 대비 공사비용을 계산하면 약 15,000,000 원/평 정도의 비용이 소요되었다.

① 외 주 비 : 약 291,000,000 원

○ 가 설 공 사 : 6,000,000 원
○ 기 와 공 사 : 37,400,000 원
○ 난방필름 공사 : 8,200,000 원
○ 내장단열 공사 : 6,100,000 원
○ 도배/카펫보수 : 1,000,000 원
○ 목재 방부처리 : 30,000,000 원
○ 목재 오일처리 : 22,000,000 원
○ 방 수 공 사 : 2,200,000 원
○ 석 공 사 : 121,000,000 원
○ 전 기 공 사 : 27,000,000 원
○ 정화조 공사 : 14,800,000 원

② 노 무 비 : 약 273,900,000원

○ 비 계 공 : 6,000,000 원
○ 목 공 : 240,000,000 원
○ 기 와 공 : 5,000,000 원
○ 타 일 공 : 8,500,000 원
○ 흙 미 장 공 : 9,400,000 원
○ 조적/미장공 : 500,000 원

③ 자 재 비 : 약 586,312,000 원

○ 타일, 옥미장, 유리, 잡철물, 도배, 위생도기, 골재, 싱크대, 목문틀 등

한옥의 이해

한옥 조영(造營) 단계

인류가 시작된 이후 처음 인간들이 거주하기 시작한 원시주거형식은 매우 단순한 형태로 시작되었다. 그러나 인간들의 생활양식이 다양해지고 개인적·사회적·국가적 또는 종교적 활동에 대응할 수 있도록 발전되어 각 나라마다, 또는 그 지역의 기후 등 자연적인 조건에 따라 독특한 모양과 특성을 지니게 되었다. 다시 말해 주택은 인간의 생활을 담는 그릇으로서 그 소속된 집단의 역사적 경험과 전통을 반영하는 동시에 생활문화의 전체적인 산물인 것이다.

우리의 전통가옥인 한옥은 좁은 의미로는 단순히 살림집을 의미하기도 하지만 넓은 의미로는 태고 이래 이 땅에 지은 전형적인 건축물 모두를 말할 뿐 아니라 우리 주위의 자연재료를 가지고 인공을 가하지 않은 상태 그대로의 재료를 사용하여 구조적 아름다움을 표현한 것이라 할 수 있다. 주위의 환경요소와 어울리도록 집의 좌향(坐向)을 잡고, 그곳에서 나오는 재료를 사용하여 지세에 맞게, 결코 사치스럽지 않으면서도 궁색하지 않은 단정한 집을 지었다. 이는 농본(農本) 문화적 특성을 가진 우리들이 모든 것을 행함에 있어 자연과의 조화를 최고의 이상으로 삼았기 때문이다. 이런 이유에서인지 우리 전통한옥을 짓기 위해서는 여러 가지 작업과정을 거쳐야 할 뿐 아니라 작업의 각

단계마다 의례를 치른다. 특히 우리나라 민중신앙으로 가택신(家宅神)에 대한 의례를 들 수 있는데, 이는 집 짓는 과정에서 치뤄지는 건축의례에서 흔히 보여진다. 집을 지을 집터를 선정하는 초기단계에서 준공 후 입주에 이르기까지 의례 순서는 아래와 같다.

◎ 한옥이 지어지는 과정

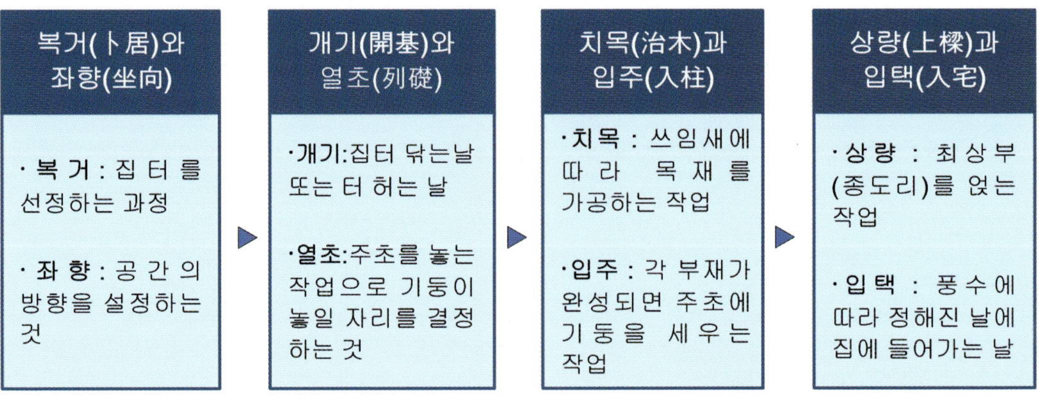

설계와 평면계획

한옥이나 현대적인 주택설계는 건축주의 의지에 따라 많은 부분이 달라질 수 있다. 그리고 설계자는 전문가로서 건축주의 의지를 최대한 반영한 주택을 설계하게 된다. 분명 옛날에도 집을 짓기 위한 평면도가 있었을 것이다. (오늘날처럼 정확한 치수나 디테일이 표현되지 않을 수 있었겠지만) 여기에는 옛날 집의 형태가 오늘날처럼 다양한 개성을 표현(재료, 형태 등)하지 않았기 때문일 수도 있을 것이다. 한옥이라고 해서 설계과정이 오늘날의 설계와 특별히 다른 것은 아니다. 문화재 보호법에 의하면 문화재의 설계(문화재 실측 · 설계기술자)와 시공(문화재 수리기술자)은 여기에 관련된 자격증을 취득한 사람에 한하여 하도록 하고 있다. 그리고 문화재 실측과 설계의 경우에는 건축사법에 의해 건축사 면허를 가지고 있는 사람에 한해 응시할 자격을 주고 있지만 1년에 1-2명 정도만 뽑거나 뽑지 않는 해도 있다. 그렇다고 해서 한옥은 무조건 자격을 취득해야 설계와 시공을 할 수 있는 것은 아니다. 문화재가 아닌 경우에는 일반 건축설계사무소에서도 가능하다. 본 공사도 문화재가 아닌 새롭게 건축하는 '신축'에 해당하기 때문에 굳이 전통건축설계관련 자격을 갖춘 설계사무소를 통하지 않아도 되지만 전통건축은 현대건축과 시공방법 등 많은 부분이 다르기 때문에 현실적으로 한옥을 설계할 능력을 갖추지 않은 사무소에서 설계를 진행하기란 현실적으로 어려운 점이 많이 있다. 분명 여기에는 한옥이라는 희소성과 우리나라 건축교육 등 여러 해결해야 할 문제점도 있을 것이다. 본 책에서 소개한 한옥 역시 전통건축설계 자격을 갖추고, 우리나라 문화재 설계 · 보수 등에 오랜 경험을 가지고 있는 전문 설계사무소(태창)을 통하여 이루어졌다.

한옥의 평면계획은 현대적 의미에서 공간 분할과정을 의미하는 반면에 한옥에서는 '간살잡이'(기둥간격을 정하는 것)라는 용어를 사용한다. 이 단계에서 구조계획과 입면계획이 종합적으로 이루어지게 된다. 이런 과정에서 이루어지는 평면형태는 지역적인 특징과 신분의 차이, 산간지방과 평야지방과 지역의 환경적 차이, 문화적 차이 등의 여건에 따라 달라질 수 있다. 그러나 예전에는 안방(主: 주)과 부엌(灶 : 조), 대문(門: 문) 세 가지가 평면구성에서 가장 중요한 결정요인(양택삼요: 陽宅三要)이 되었으나 요즈음은 위생공간인 부엌과 화장실의 개념이 달라지고 대청에도 창호를 설치하게 되고, 대문이 현관이라는 개념으로 바뀌면서 옛날 생활방식에 대한 공간개념이 변하였고 또한 남 · 녀 구별에 따른 평면구성 개념이 사라지고 있어 옛날 평면구성과 현대 평면구성에 대해 정확한 기준을 가지고 비교하기란 어렵다.

주택의 규모

한국 전통주택은 규모가 무제한이었던 것이 아니고 신분에 따라 대지와 건물 규모에 규제를 받았다. 다시 말해 당시의 상류계층들은 주택을 보다 크고 화려하게 건설함으로써 지배계층으로서의 위엄과 권위를 표현하고자 했다. 또한 그들 주택의 권위적인 요소들을 하층민이 모방하거나 사용하지 못하도록 제한하는 제도적 장치를 만들었다. 이런 사실들을 엿 볼 수 있는 것으로 신라시대의 가사 제한에 관한 사항이 「삼국사기」 권33 잡지 제2 옥사조(屋舍條)에 남아 있다. 여기에는 진골에서 백성에 이르기까지 주택의 규모에서 재료, 구조, 장식에 이르기까지 건축 전반에 걸친 내용이 다루어지고 있는데, 이는 지나친 사치를 금하는 동시에 권위건축의 요소인 웅장함과 화려함을 제한하려는 의도를 엿볼 수 있다. 조선시대 세종12년(1430년)때에도 가사제한법(家舍制限法)이 강구되어 세조대까지 그대로 적용되다가 성종에 이르면서 지켜지지 않는 경우가 많았다고 한다.

현대주택에서는 규모를 평수 또는 ㎡으로 설정하는데, 한옥에서는 몇 칸(間) 집인가로 규모를 설정하게 된다. 여기에서 칸(間)이란 넓은 뜻으로는 길이와 넓이를 함께 이르는 말이라 할 수 있다. 즉 한 칸이란, 기둥을 세우는 한 칸(間)의 나비를 말하기도 하고 또는 네 기둥에 의해 성립되는 면적을 의미하기도 한다. 큰 의미에서 가로1칸×세로1칸의 크기는 단순한 기둥의 간격의 크기가 아니라 사람이 생활하는데 가장 쾌적하고 기능적인 크기를 의미한다. 이것을 모듈로 하여 공간을 붙여서 늘려나가면 방이 되고 집이 만들어 졌다. 구체적이고 간단한 실례를 들면, 정면 7칸과 측면 3칸인 경우 21칸(7×3) 집이 된다. 보편적으로 8자(약 2.4m, 1자≒30㎝) 사방을 한 칸이라고 한다. 이는 건축규제에 의한 제한과, 재료 사용의 경제성, 인체치수와 어울리는 규격 등의 여러가지 면에서 합리적인 척도로 수용되었을 것이다. 전체 주택규모에서 측면 칸수의 범위가 제한되는 경우가 있는데, 이는 지붕구조에서 대들보의 길이가 길어지는 구조적 제한 때문이다.

방의 넓이와 높이

방은 인간이 서고, 앉고, 눕고 등 인간의 모든 행동을 담고 있는 공간이다. 다시 말해 인간의 행동을 담고 있기에 방의 크기는 인간이 행동을 기준으로 하는 것이 가장 적절했을 것이다. 즉 모든 물체는 치수가 있고 그것을 인간이 파악하는데는 어떤 기준이 이어야 했으며 최초로 시도한 것이 인간 자신의 치수였다. 손과 발, 키 등을 기본으로 하여 물건의 치수를 잰다는 것은 동서고금을 통하여 일치되는 것이다. 서구의 피트법(발의 길이를 기준), 인치법(손가락 마디를 기준)이나 우리나라의 자(척: 尺)법도 같은 경우로 만들어 졌다. 현대 근대건축의 거장인 르 꼬르뷔제 역시 인체에서 찾은 '모듈러'라는 조화로운 척도를 마르세이유의 미슈레 대로변에 건설되는 아파트(Unite' d'Habitation: 1947~1952)에 실험적으로 적용하였다.

우리 민족 역시 그 고유의 척도를 생활 속에서 찾아내고 이를 발전시켰다. 조선시대 주택에서는 척도의 사용을 서구에서처럼 기계적이고 물리적인 치수로 생각하기 보다는 인간의 행동과 감성적인 느낌을 척도로 생각했기 때문에 자연스럽고 관념적이었다. 우리나라의 경우, 집 짓는 한 칸의 의미는 시대별, 지역별로 차이는 있으나 대체로 영조척으로 8자(약2.4m)를 표준으로 하였다. 이보다 늘리고자 할 때는 그 반 또는 반의 반을 기준으로 하였다. 인간의 신체가 서 있는 형태는 아주 작은 투영체의 크기지만, 이 투영면적만이 공간의 기본 치수를 구성하는 것이 아니며, 인간이 앉거나 누웠을 때의 신장 3척(1척(尺)≒30.3㎝), 6척이 친근한 공간의 수평방향의 기본치수가 된다. 이를 전통주거의 방 크기를 결정하는 8자×8자(≒1칸)에 적용시키면 신체 척도와 사이공간이 잘 구성되어 있다. 앉았을 때 한 사람이 점유하는 영역은 가로×세로×높이가 3척×3척×3척이 기준이 되며, 두 사람이 대화할 때는 자연히 6척×3척×3척이 점유 공간이 되고 이는 한 사람이 누웠을 때 3척×6척×3척과 같은 체적이 된다. 따라서 두 사람이 대화하는 공간과 한 사람이 누워있는 공간이 1칸의 최적공간이 되며 나머지는 사이공간으로 다른 사람이 지나다닐 수 있는 여유 공간이 된다. 수직적으로 한 사람이 서 있는 공간은 3척×3척×6척이 되지만 양팔을 벌리고 서 있는 공간은 3척×6척×6척, 또 양팔을 벌리고 90도 회전하면 6척×6척×6척이 된다. 즉 좌식 생활에서 앉아 있는 사람의 크기인 3척×3척×3척이 기준 모듈이 되고 이를 인간의 생명을 표명하는 생동하는 생활리듬에 적용하면 2배인 6척×6척×6척이 되는 것이다. 여기에 여유 공간을 더하면 가장 이상적인 1칸(間)의 크기가 되는 것이다. [오영근, 인간척도론, spacetime, 2002, p.81]

목조 건축의 구조

목조 건축 구조

서구식 목조 건축술이 도입되기까지는 동양 삼국의 목조건축이 주류를 이루었고 한국의 건축술은 중국의 기술과 제도 등을 따르기도 하였지만, 우리나라의 기후, 문화 등에 맞게 재편성하는 슬기로움을 보여 한국적이 기법과 의장술로 승화시켰다.

동양식 목조건축의 목조 구조법은 간략히 설명하면, 든든한 기초 위에 굵은 기둥을 세우고, 기둥과 기둥을 잇는 도리와 보를 건다. 그리고 지붕은 큰 보에 동자주와 대공을 세워 중도리와 종도리를 걸고 여기에 서까래를 걸어 지붕형태를 꾸미는 방식으로 이루어진다. 이는 기둥을 지표면에 콘크리트로 고정하는 서양식 건축기법과 근본적으로 다르다. 그리고 우리 전통 목조건축의 부재들은 구조부재

가구식 구조-각 부재의 명칭

1 3량집-3개 도리로 이루어진 가옥 2 5량집-5개 도리로 이루어진 가옥 3 7량가구 형식의 가구모형-고주사용 4 9량집-9개 도리로 이루어진 목조건축물 (수덕사 대웅전) 5 경복궁내 경회루의 전경 5 외진주(회색 부분)와 내진주(무색)

이면서 의장적으로 꾸미거나 조각하는 특이한 방식을 사용하기도 한다. 그러나 서양건축과 달리 사용하는 재료가 자연재 목조인 까닭에 기둥 간격이 제한된다는 단점이 있다. 한국 고건축 중 기둥 간격이 최대인 것은 경복궁내 경회루로 한 칸 사이의 거리는 도리칸(간격) 4.6m~5.25m, 보칸(간격) 5.25m~6.20m이다. 목조 단일재로서는 이 정도가 최대인 칸(間)사이라 할 수 있다. 최근에 건축되는 한옥의 목조 건축의 경우 수입목으로 인하여 6m이상의 보 간격을 칸으로 나누는 경우가 많다.

목조 건축에서 가장 중요한 역할을 하는 가구재는 기둥, 보, 도리라 할 수 있다. 이 중에서 기둥은 수직적인 부재인 반면에 보와 도리는 수평적인 부재로 건축물의 넓이를 결정짓는 부재라고 할 수 있다. 또한 도리수에 따라 목조건축물을 분류하기도 한다. 다시 말해 도리에 의한 가구 구성은 도리가 몇 겹으로 걸려 있는지에 따라 형식을 결정한다는 의미로 일반적으로 크게 3량(樑), 5량, 7량, 9량집(家) 4종으로 분류한다. 도리수가 많으면 내부공간의 깊이가 깊어져 내부공간이 넓어진다. 7량집 이상인 경우 내진고주를 사용하는 경우가 많다. 건물규모가 커서 보 간격이 넓어져서 대들보가 도저히 보 간격을 건너지를 수 없을 때 측면간에 고주가 사용된다.

민도리 구조의 집

민도리 구조란 기둥과 도리, 보를 이음과 맞춤으로 짜 맞추어 기본뼈대를 구성하고 이 기본뼈대 위에 지붕틀을 짜 놓아 집을 형성하는 구조이다. 삼국시대, 고려시대, 조선시대의 궁궐이나 관아, 사찰 등과 같은 권위적 건축이 아닌 일반건축, 즉 주택의 구조는 대부분 민도리집 구조였다.

기둥과 도리, 보, 대공들로써 이음과 맞춤에 의하여 뼈대를 만든 목구조가 바로 민도리 구조의 시작이며, 목조가구식 구조의 원형인 것이다. 민도리 구조는 도리, 특히 처마도리의 단면이 네모난 납도리로 짓는 '납도리 구조'와 원형인 굴도리로 짓는 '굴도리 구조'로 나뉜다. 이때 굴도리 집이 납도리 집보다 더 격이 높은 집이다. 그 까닭은 목조건축의 부재에서 부재의 단면이 원형인 것은 방형인 것보다 큰 원목을 치목하여야 하고, 또 치목하기가 힘들기 때문이다. 따라서 원형인 것이 방형인 것보다 격이 높은 것이다. 이것은 기둥에서도 똑같이 적용된다. 단면이 원형인 두리기둥(원주: 圓柱)이 단면이 방형인 네모기둥(방주: 方柱)보다 격이 높고 귀한 것이다. 이런 민도리 집의 경우 창방과 도리 밑의 장여 사이를 소로로 장식하는 경우가 많은데 이런 집을 소로수장 집이라고도 한다.

조선시대의 양반 집들 중 큰집의 사랑채와 안채와 같은 몸체는 굴도리집 구조를 이루고 있으며, 또 때로는 사랑채는 굴도리 구조이나 안채는 납도리 구조(일반적으로 굴도리에 사용하는 장여를 사용하지 않는다)를 이루기도 하는데, 이는 구조적으로 남성공간인 상랑채를 여성공간인 안채보다 우위에 두고자 한 것으로서, 바로 조선시대의 남존여비사상(男尊女卑思想)을 나타내는 것이며, 음양오행론에서 "하늘은 둥글고 땅은 네모이다(천원지방: 天圓地方)."에 따른 것이다.

민도리 집은 그 가구(架構)의 종류에 따라 집의 크기가 결정된다. 가구는 오량(五梁)이 일반적이고 서울의 대가에서 칠량구조를 이루기도 한다. 처마는 홑처마가 일반적이나 때로 겹처마를 이루기도 한다. 안채와 사랑채가 독립된 채로 건립될 때에는 팔작지붕이 주류를 이루고, 한지붕으로 연속되어 건립될 때에는 안채의 양측 용마루 끝단에 합각을 이루어 팔작지붕의 모양을 이룬다. 그러나 사랑채는 대부분 팔작지붕을 이룬다. 행랑채는 납도리 삼량가구로 홑처마의 맞배지붕이 일반적이다.

1 창덕궁 연경당의 행랑채-삼량구조 맞배지붕 2 창덕궁 연경당 사랑채-민도리집(팔작지붕)

1 민도리-경북 두암 고택 2 초익공-안동 의성김씨 종택 3 이익공-경남 정병옥가옥 사당

익공식(翼工式)구조의 집

익공식 구조는 끝이 쇠서 또는 새 날개 모양으로 된 첨차인 익공을 보방향으로 기둥 윗몸에 결구한 구조이다. 이때 보 방향으로 결구된 익공이 하나이면 초익공이고 두 개이면 이익공, 세 개이면 삼익공이라 한다. 또 익공의 쇠서를 두루뭉술하게 만든 것을 물익공(勿翼工), 무익공이라 한다. 본 책에서 소개할 건축물도 익공형식의 소로수장 집(家)이다.

초익공 형식은 기둥 머리를 '+' 자로 따낸 곳에 창방과 익공이 '+' 자로 짜여지고 그 위에 주두를 올리고 주두 위에서 보와 도리가 올라가는 형식이다. 이익공의 경우에는 초익공 위에 다시 익공과 행공이 '+' 자로 짜여지고 그 위에 소주두를 놓은 다음 소주두 위에서 보와 도리를 결구하는 형식이다. 이때 행공이라는 부재는 다포형식의 첨차에 해당하는 부재로 익공과 십자로 짜여지는 부재의 명칭이다. 다포형식에서는 보 방향 공포부재를 살미, 도리 방향 공포부재를 첨차라고 하지만 익공형식에서는 보 방향 부재를 익공, 도리 방향 부재를 행공이라고 한다. 기존의 행공이라는 명칭은 외출목 도리와 장여를 받치는 첨차를 지칭하는 것과 차이가 있으므로 유의하여야 한다.

익공과 민도리의 가장 큰 차이점은 민도리는 창방이 없는 경우가 많고, 익공은 대부분 창방이 있다는 것이다. 요즈음 익공 형식은 쇠서를 새 날개 모양으로 꾸미지 않고 단순히 직각으로 자르거나 경사지게 자르는 경우(본 공사의 경우)도 많다. 이런 경우 민도리의 보아지와 비슷하게 보인다.

한옥의 입면 구성

한옥의 입면은 크게 세부분으로 나누며, 각 부분에 대해서 설명하면 다음과 같다.

첫째는 한옥의 가장 아랫부분인 기단이다. 전통 가옥에서 제일 아래쪽에서 집을 튼튼히 받혀주는 곳이다. 건물의 모양을 돋보이게 하고, 습기나 가옥의 침하를 막는 역할을 하는 곳이기도 하며, 동시에 집주인의 권위를 높이는 숨은 의미도 있다.

둘째는 한옥의 뼈와 살과 같은 기둥과 벽, 창호 등으로 건물전체의 몸에 해당하는 부분이다. 기둥은 단면형태에 따라 원(圓)기둥, 각(角)기둥으로 크게 나누며, 그 위치에 따라 건물의 외곽에는 바깥기둥(외진주: 外陣柱), 내부에는 안기둥(내진주: 內陣柱)이 있다. 벽은 주로 흙을 쌓아 올리고 그 곳에 회를 발라서 마무리하는 토벽 또는 심벽이 대부분이다. 이런 흙벽은 습도 조절 기능도 겸할 수 있어 여름에는 시원하고 겨울에는 한기를 막아주는 장점이 있다. 창은 채광, 통풍을 위한 것이다. 한옥에서 창호는 대낮의 강한 빛을 창호지를 통하여 은은히 방을 비쳐주기도 하고, 창살 사이에 막힌 듯 보이는 창호지는 너무 많지도, 그렇다고 모자라지도 않게 방을 숨쉬게 하며, 창살의 문양은 다양하고 아름다워 한옥의 미를 한층 더하기도 한다.

셋째는 한옥의 백미인 처마곡선을 만들어내는 지붕이다. 한국을 대표하는 아름다움을 꼽으라면 상당히 많은 사람들이 처마곡선의 아름다움을 이야기 할 만큼 우리 전통건축의 지붕 처마곡선은 일본, 중국의 목조 건축에서는 볼 수 없는 아름다움을 지니고 있다.

1 내 · 외공간을 연결하는 창호(들문) 2 한옥의 기단부분(연경당) 3 선자연에 의한 처마곡선(연경당)

전통건축의 입면은 지붕, 벽체, 기단 3부분으로 나눈다. 그림은 개심사 입면으로 사찰의 경우 공포대 부분이 첨가 되어 있다.

2 치목과 기초 공사

치목(治木)

치목(治木)

치목(治木)이란 쓰임새에 따라 목재를 가공하는 작업을 의미하는 것으로 치목하는 날도 풍수로부터 좋은 날을 받는 경우가 있다. 이는 목재로 사용될 나무를 베는 시기(일반적으로 추분과 춘분 사이-이 시기에는 목재의 수액이 빠져나가기 때문에 변형이 많이 일어나지 않는다)는 목재의 강도나 변형, 부식과 관계가 있어 중요하게 인식되었음을 알 수 있다. 한옥들은 초가집이든 기와집이든 대부분 목조로 지어진 것들이어서 조적조로 지은 것은 극소수였다. 따라서 단연 나무 재목이 주요한 재료였음은 말할 것도 없다. 여기에서 사용되는 목재는 용도와 사용처에 따라서 소나무(陸松), 잣나무, 측백나무, 밤나무 등이 사용되었으나 소나무가 주류를 이루었다. 나무는 다른 재료에 비하여 비중이 적고, 강도가 비교적 크며 열전도율도 적고, 가공성이 풍부할 뿐 아니라, 아취(雅趣)와 부드러운 감을 주지만, 불에 약하고, 세월이 지남에 따라 썩고, 습기에 신축이 심한 결점이 있다.

근래에는 국내산의 공급이 격감되고 대신에 수입목으로 대체되고 있고 수종도 다양하게 선택되고 있다. 「삼국사기」를 보면, 신라 때에는 집짓는 재목으로 산유목(山楡木)을 제일로 쳤다. 고려 때에는 자료가 없어 잘 알 수 없으며, 조선조에서는 소나무를 백 가지 나무의 우두머리(百木之長)라 하며 목재 가운데 으뜸으로 꼽았다. 한옥의 건축에는 관념적으로 이 땅에서 성장한 목재가 가장 적합한 것으로 생각하기 마련이지만, 공급이 따르지 못하는 상황에서는 국내산 수종의 특성과 유사한 수입목을 사용하는 것이 차선책이다. 하지만, 이런 수입목의 경우에는 우리나라 기후에 자라난 나무가 아닌 까닭에 시간이 지남에 따라 목재의 과도한 갈라짐, 강도 부족, 송진의 과도한 유출, 심한 부식 등 여러 가지 문제가 나타나기 때문에 수종을 선택할 때에 고려되어야 한다.

일반적으로 한옥을 건축하려면 원목에서부터 각 부재의 쓰임에 따라 치목해야 한다. 현대에는 기계가 발달하여 웬만하면 제재소에서 일차가공을 하고 현장에서 전동공구로 치목하지만 과거에는 모든 것이 인력가공이었다(톱으로 켜서 만든 것을 제재 또는 인거재(引鋸材)라 하고 도끼나 자귀로 다듬는 것을 도끼벌 또는 자귀벌이라 한다. 인거재는 혼자 또는 둘이 당겨 켜낸 목재이고 제재는 기계톱을 동력으로 켜낸 것이다.) 궁궐이나 관아건축은 국가의 예산과 인력을 동원하여 위엄있게 건축하고, 사찰건축은 주변의 산림에서 목재조달이 손쉬운 편이므로 크고 우람한 목재를 사용할 수 있었다. 이와 관련된 연구「조선후기 궁궐건축의 조형에 관한 연구」[문화재연구소, 김동욱, 1990]에는 궁궐의 조영기간, 재료, 인력동원 등에 관하여 자세히 기술하고 있다.

한옥이 성행한 조선시대에는 건축제한도 있었지만 재료와 인력을 모두 개인이 조달해야 하는 경제적 어려움이 있고, 특히 집을 지을 수 있는 시기도 농번기를 피하고 날씨도 좋은 계절이어야 하는 시기적 제한도 적지 않았다. 따라서 집 한 채를 세우려면 경제적인 형편에 따라 목재를 마련하여 조금씩 치목해서 양옆 마구리를 한지로 발라 바람들어가는 것을 방지해 두고 나무와 나무 사이에 '모탕'(적재하는 나무의 사이로 가로지르는 나무)을 쭉쭉 가로질러 쌓아두었다가 적당한 때에 본격적으로 세우게 되므로 건축기간이 이삼년이 소요되는 것이 보통이었다. 덕분에 건물을 세울 때에는 목재가 자연 건조되어 변형의 여지가 별로 없게 된다. 이때 건조하는 동안 나무의 표면을 살짝 태워 벌레

1 평고대의 이음-빗걸이 이음 모양
2 상인방과 문벽선과의 반연귀 맞춤된 모습
3 연귀와 반연귀 맞춤
4 도리와 도리가 나비장 이음으로 이어져 있는 모양
5 메두기장 이음
6 주먹장 이음

등으로부터 보호되도록 보관하고 집을 지을 때 다시 대패질하여 사용하게 된다. 이와 반대로 현재는 원목에서 치목 조립까지 규모에 따라 3~9개월에 완성되어 건립 후 건조에 의한 변형이 심각한 편이다. 물론 인조건조법도 있으나 너무 고가이므로 건축에서는 거의 사용되지 않고 있다.

치목을 위한 장소는 대규모의 목재들이 치목되어 현장에 쉽게 옮길 수 있는 장소로 대부분 공사현장 또는 현장이 좁을 경우에는 인근지역에서 이루어진다. 다시말해 집을 짓기 전에 집에 사용할 각종 부재를 미리 가공하는 것을 치목이라 하는데, 현대식으로는 조립식 건축과 비슷하다(사실 한옥은 못을 거의 사용하지 않고 맞춤(두 부재가 일정한 각 30°, 45°, 90° 등을 이루면서 결구되는 것)과 이음(두 부재가 길이 방향(180°)으로 이어지는 결구)에 의해 이루어지는 조립식 건물이다.

비록 치목을 하더라도 모든 부재를 처리하지 못하기 때문에 현장에서 치목하여 공사가 이루어진다. 본 공사에서는 현장이 좁은 관계로 인근지역에서 치목장을 마련하여 공사전에 치목이 이루어졌다.

치목을 간단히 소개하면, 치목을 하는 목수들은 분업이 잘되어 있다. 그렇다고 해서 각 부재의 치목순서가 일정하게 정해진 것은 아니지만 손이 많이 가지 않고 단면이 큰 부재부터 치목이 이루어진다. 이유는 단면이 클수록 변형이 적게 일어나기 때문이다. 치목장에 들어온 목재는 껍질을 벗기고 곡자와 먹줄로 수평과 직각을 맞추어 가면서 대패질을 한다. 대패질이 끝난 목재들은 각 부재들의 맞춤과 이음을 위하여 '바심질(목재 부분을 파내거나 깍아내는 작업)'을 하게 된다. 한옥은 조립식으로 이루어지는 건물이

1 장여와 창방사이에 수장소로로 사용된 양갈소로 2 사괘 모양으로 치목된 주두가 적재되어 있는 모습 3 운형대공의 모습(상부 홈에는 소로와 장여가 맞추어진다) 4 모탕에 의해 적재한 치목된 창방의 모습(홈 부분은 소로 자리) 5 1차 치목된 추녀의 모습 6 서까래로 사용될 부재가 적재된 모습

기 때문에 대패질이나 바심질 할 때 각 부재들이 만나는 부분에서 홈들이 안성맞춤으로 이루어져야 한다. 실례로 수장소로의 경우, 아래 폭은 인방의 폭과 맞아야 하고 위 폭은 장여의 폭과 맞아야 한다. 그리고 기둥 주두의 경우, 주두 위의 사갈(사괘)의 폭은 주두 위에 조립될 보와 맞춤이 이루어질 수 있게 이루어져야한다. 다시말해 치목할 때 맞춤과 이음을 위한 홈들이 클 경우(잘못 치목되는 경우), 목재를 다시 사용할 수 있는 것이 아니기 때문에 치목은 처음부터 많은 정성이 필요하다. 대부분의 목재는 손 또는 기계로 하나씩 치목이 이루어지는 경우도 있지만, 부연과 같이 모양과 크기가 같은 부재의 경우 한꺼번에 전기대패로 이루어지기 때문에 많은 시간이 절약된다. 서까래는 원목에서 껍질을 벗기고 치목한 후 모탕을 사용하여 적재하여 보관한다. 모탕을 사용하는 이유는 치목된 목재들이 겹치게 되면 습기 등으로 인하여 청(나무 표면에 곰팡이가 피는 것)이 일어나게 되어 목재가 상하게 된다. 모탕을 하는 경우, 모탕사이로 통풍이 잘되기 때문에 청 등에 의한 목재의 손상을 미연에 방지할 수 있기 때문이다.

원기둥의 경우, 사각부재에서 각 모서리를 8각으로 그리고 16각으로 죽여가면서 원기둥으로 만들어 간다. 그 만큼 사각기둥 보다 원기둥에 많은 시간과 정성이 들어간다. 또한 민흘림이나 배흘림 기둥을 치목하는 하는 경우에는 기둥 윗부분과 아래부분의 치수가 다르기 때문에 치목시 많은 주의가 요구된다.

치목시 주의할 점은 치목된 목재의 보관이다. 치목하자마자 공사에 곧바로 사용하는 것이 아니라 어느정도 시간이 지나 현장으로 반입되어 사용하기 때문에 공사현장에 반

1 굴도리를 치목하는 모습 2 곡자를 이용하여 기둥을 치목하는 모습 3 화반을 치목하는 모습 4 같은 모양, 크기를 위해 부연을 동시에 치목하는 모습 5 그늘막으로 이루어진 치목 현장 전경

입되기까지 잘 보관되어야 한다. 다시말해 치목된 목재들이 햇빛과 비 등을 받게 되면 변형(부재의 길이가 길고 단면이 작을수록 심함)이 일어나고, 목재 표면에 청이 일어나는 경우 등이 있기 때문에 치목장은 그늘막 등을 이용하여 치목된 목재에 직사광과 비를 피할 수 있도록 보관하여야 한다.

기초(基礎)공사

개토(開土)와 열초(列礎)

마침내 2003년 8월22일 12:30분 흙을 처음 건드리는 동토일(動土日)을 잡고 천지신명과 지신에게 고하여 탈 없이 지금부터 경영하고자 하는 원만 성취 회향되기를 비는 개기고유제(開基告由祭)가 행해졌다

집터가 결정되고 설계가 끝나면 공사를 시작하는 첫 단계로 기초를 다지는 일이 시작된다. 이러한 본격적인 건설 작업을 하기 전에 집터를 처음 연다는 의미에서 땅을 연다는 의미의 '개토(開土)' 와 '제(祭)' 를 합하여 개토제를 올리게 되는데, 이를 개토식 또는 개기(開基)라는 용어를 사용하여 개기제라고도 한다. 이런 단어의 의미는 건설공사의 시작인 동시에 집짓기 의식의 하나로 풍수로부터 택일하여 '집 지음' 을 알리는 제를 올리는 것이다. 이런 고사를 '텃고사' 또는 '개기제' 라고 부르는데 집주인이나 대목이 주관하여 지낸다고 한다. 대목들은 이 고사를 '토지신' 에게 이 땅에 집을 짓는다는 것을 알리는 의식' 이라고 말한다. 개기식은 대략 아침나절인 진시(辰時: 오전 9~10시경)에 거행되는 것이 상례이다. 이러한 의식은 지역이나 계층에 관계없이 보편적으로 수행되었던 것으로 의식에 진설되는 종류나 의식의 진행방법은 지역에 따라서 약간씩 차이가 있는 것으로 알려져 있다. 그밖에 대목이 공사 시작하기 전에 제를 올리는 경우도 있는

1 공사하기 전 초기 대지의 모습
2 공사 전 집이 자리할 구역을 표시한 대지의 모습

데 이를 '모탕고사'라 한다. '모탕'이란 용어는 목수들이 나무를 다듬을 때 사용하는 작업대를 말하는 것이다.(모탕: 장작을 팰 때 또는 적재할 때 올려놓는 바탕나무)

모탕: 장작을 팰 때 또는 적재할 때 올려놓는 바탕나무, 일반적으로 나무를 치목하기 위한 받침대를 '모탕'이라함

'텃고사'와 '모탕고사'의 차이는 '텃고사'는 집주인이 거행하고 토지신에게 바치는 의식으로 토지신에게 그 터를 이용한다는 것을 알리는 내용이라면 '모탕고사'는 대목이 주관하고 상량신(성주신)에게 바치는 고사이면서 공사 중 안전을 기원하는 내용으로 이루어진다. [집의 사회사, 웅진출판, 강영환, p.171~176]

일반적으로 개기식 때는 모탕고사도 함께 지낸다. 최근에 들어 개기식의 제를 모탕고사로 대신하는 경우가 많다. 본 공사에서도 개토식 때 건축주와 대목이 동시에 제를 올림으로써 모탕고사를 대신했다. 개기제(開基祭)가 끝나면 집이 들어설 자리를 파고 다지는 공정이 시작된다.

3 제를 올리기 위한 상차림 4 개기식에 참석한 관계자들 5 공사의 안녕을 기원하면서 개토(기)식의 제를 올리고 있는 건축주 6 여러 관계자들의 개토식(開土式)을 위하여 준비하는 장면

기초지정

기초지정(基礎地定)이란 구덩이 파기 및 다지기 작업으로 여기에서 지정(地定)이란 건물의 기초되는 땅을 견고하게 다지는 작업을 의미한다. 지정이라 함은 기초를 보강하거나 지반의 지지력을 증가시키기 위한 시설물 또는 공법을 말하지만 기초의 일부로서 지정을 포함하여 기초라 할 때가 많다. 지정의 종류에는 적심석(積心石)지정, 장대석(長臺石)지정, 판축(版築)지정, 입사(立砂)지정이 있다.

본 공사의 지정작업에는 콘크리트를 사용하지 않고 입사(立砂)지정형식으로 이루어졌으며, 돌림구덩이(기둥 자리에 기초를 하기 위하여 파낸 구덩이)의 크기는 1.5m(가로)×2.0m(세로)×1.5m(높이)크기로 이루어져 있다. 원래는 1.5m(가로)×1.5m(세로)×1.5m(높이) 방틀(입사기초하기 위하여 파 내려간 네 변의 길이가 같은 수직의 구덩이)이었다.

기초지정(地定): 구덩이 파기 및 다지기 작업으로 지정이란 기초되는 땅을 견고하게 다지는 작업을 의미한다.

지정을 다지는 방법에는 전통적 방식인 달고(지경(정)다지기: 달고(達古) 등을 사용하여 지반을 경고하게 다지는 일)를 사용하지 않고 전동식 진동기를 사용하여 이루어졌다.

입사지정이란 초석이 놓일 위치의 땅을 생땅이 나올 때까지 웅덩이를 파고 모래를 층층이 깔아 물을 주어가며 다지는 기초법이다(입사기법은 옛날부터 전해오는 기법으로서 근세까지 보편적으로 사용되던 것이어서, 그에 관한 지식은 잘 정리되어 있다. 「증보산림경제」나 「임원십육지」에도 그에 관한 내용이 기록되어 있다. [한국의 산림집, 신영훈 p.259])

한번 붓는 모래의 양은 7~8치(약21㎝~24㎝)정도로 하여 다진다. 여기에 사용되는 모래는 왕모래 또는 황사(黃紗=石飛輿(석비레: 화강석이 풍화되어 만들어진 산모래 백토라

1 입사지정을 마무리 하는 작업모습
2 입사지정공사가 끝난 모습

고도 함)라고 한다.

본 공사에서는 석회와 모래를 섞어 사용하였는데, 이는 기초지정 자체의 강도보다 좀 더 높은 강도를 유지하기 위한 조치로 사용되었고, 전체 기단은 목공사가 완전히 이루진 후에 이루어질 것이며(공사중 파손 등의 경우 때문에 공사완료 후 주변 정비작업과 같이 이루어질 것임), 현재는 기단위에 올려질 독립주초자리부터 공사가 이루어졌다. 독립기초가 올려질 지정의 크기는 약 1.2m×1.2m크기, 높이 35㎝~40㎝의 독립기초기단을 형성하게 되었다.

초석(礎石)배치

터다지기가 끝나면 정리된 집터에 기둥을 세우기 위해서는 기둥을 받치는 초석이 설치되는데, 기둥과 초석은 모든 건물의 기본이 되는 가장 중요한 부분이다. 이를 비유한 말 중에 주석지신 (柱石地臣)이라는 말이 있다. 이는 나라에 없어선 안 되는 가장 중요한 신하를 주석(柱石)이라 한다. 여기서 주(柱)란 기둥을, 석(石)이란 초석을 의미한다. 이 기둥이나 초석이 어느 하나만으로는 기둥의 의미가 불완전하지만, 둘이 함께 함으로써 완벽한 건물의 기본 중에 기본이 되므로 충신을 주석(柱石)으로 비유했던 것이다. 이처럼 우리의 전통건축에서는 돌기둥 위에 나무기둥을 세우고, 그 자연스럽게 어우러짐과 그로 인한 안정된 공간을 즐겼다.

건물의 위치에 따라 초석을 배치시키는 것을 '열초(列礎)'라고 한다. 열초는 기둥이 놓일 자리를 결정하고 그 기초를 만든다는 건축적 의미와 함께 집안을 다스리는 최고의 신인 성주신의 잉태를 위해 '뿌리를 심는' 통과 의례적 과정이라 할 수 있다. 옛날에는 열초에 앞서 풍수는 패철과 망통으로 건물의 좌향을 결정하고, 그에 따라 대목은 땅 위에 주초 놓을 자리를 말뚝으로 표시하기도 했다.

1 원형초석의 주좌, 운두, 초반의 형태를 만들고 있는 모습 2 원형초석 형태를 만든 후 초석표면을 잔다듬하는 모습 3 자연석 초석인 덤벙주초를 사용한 사례 (봉화의 계서당)

초석은 주초(柱礎)라고도 하며 석승(石承), 초(礎), 질(礩), 척(䃀), 상(磉), 전(磌), 주정석(柱頂石), 주부(柱跗) 등 여러 가지로 표기한다. 그리고 기둥 밑에 놓여 기둥에 전달되는 지면의 습기를 차단해주고 기둥을 통해 내려오는 하중을 지면에 효율적으로 전달해 주는 역할을 한다. 초석의 종류로는 크게 자연석 초석과 가공석 초석으로 분류되며 자연석초석을 '덤벙주초'라고도 하며 가공석 초석에는 원형과 사각형, 육각형, 팔각형 등 다양한 형태의 초석이 있다. 가공된 초석은 지면에 닿는 부분을 초반(礎盤)이라하고 초반에서 도드라져 올라와 기둥과 직접 맞닿는 부분을 주좌(柱座)라한다.

본 공사에서는 가공된 초석(초반의 경우 ㅁ 2자(60㎝)×2자(60㎝)×10㎝를, 주좌의 경우 밑면: ㅁ 1.5자(45㎝)×1.5자(45㎝) / 윗면: ㅁ 35㎝×35㎝높이 24㎝의 사다리꼴 형태를 사용)을 사용하여 기단위에 기둥이 위치할 정심(定心)에 맞추어 배치되었다. 또한 초석의 상면(上面)에 먹줄로 중심을 표시하여 기둥의 중심자리를 미리 점검해두면 기

4 평면 형태에 따라 주초가 배열된 모습 5 사각 주초가 기초지정위에 배치된 모습 6 원형 주초가 기초지정위에 배치된 모습 7 누마루 부분에 장주초가 배열된 모습

둥의 다림보기에 편하다. 그리고 ㄷ자 평면형태(부록 도면 참조) 중 왼쪽 앞쪽 누(樓)마루가 설치되는 부분에는 장주초석(長柱礎石)을 사용하고 중앙 정면부분에는 원형 초석을 오른쪽은 사각형 초석을 사용하고 있다. 옛날부터 장주초석은 주로 중층의 누각건물에 많이 사용했다.

처마를 아무리 많이 내더라도 건물아랫부분에는 비가 뿌려지기 마련이고 이에 따라 기둥이 썩기 쉽기 때문에 장주초석으로 하는 경우인데, 조선시대 살림집의 사랑채 누마루 초석을 장주초석으로 하는 경우가 많았다.

되메움 작업

9월 초부터 시작한 장마 '매미'로 인하여 중순까지 작업이 중지되었고 장마가 끝날 쯤 9월 15일 작업이 다시 시작되었다. 9월 15일 작업이 시작되면서 독립주초를 위한 기초지정의 형틀을 제거하고 공사바닥보다 높게 형성된 지반을 공사바닥과 같은 높이를 형성시키기 위하여 거푸집(높이 35㎝~40㎝) 높이만큼 흙 되메우는 작업이 이루어졌다.

다음날 주초에 기둥의 높낮이를 기록하였다. 주초에 높낮이를 기록하는 것은 기둥을 주초의 높낮이에 맞게 치목하기 위한 것이다. 높낮이의 기준은 주초에 먹줄로 십자모양으로 중심을 찾고 그 중심을 기준으로 한다. 이렇게 먹줄로 십자형으로 표기하는 것을 '십반'이라고 한다. 그리고 주초 위에 높낮이를 표기하게 되는데, 이를 '주춧돌 나이메기기'라고 한다. 이때 이미 레벨이 체크된 도면을 보고 이루어지는데, 현재로 치면 주심부만 표기된 도면(주심도: 기둥의 크기, 위치가 표현된 일종의 구조도면)을 보면서 이루어진다. 공사과정에서도 몇 번 언급하겠지만 우리나라 전통 건축에서는 체계적인 도면관리가 이루어지지 않은 것은 사실이다. 분명 거대한 궁궐건축에서는 건물의 배치를 결정하는 배치도와 정전을 비롯한 많은 건물을 체계적으로 건설하기 위해서 도면이 있

1 되메움이 끝난 후 주초에 '주춧돌 나이메기기'를 하고 있는 모습 2 6푼이 기준 주초보다 낮다는 의미이다.
3 3.5푼이 기준 주초보다 낮다는 의미이다.

었을 것이 분명하지만 체계적인 도면관리가 되지 않아 확실한 도면(건물의 위치를 설명하는 배치도를 제외하고 평면도, 입면도 등과 같은 2차원적인 도면)은 남아 있는 것이 거의 없는 것으로 알고 있다.

주초에 높낮이를 표기하는 방법은 주초 중에 가장 높은 주초의 윗면(기둥이 놓이는 면)을 레벨 '0'으로 표시하여 기준으로 삼고 다른 주초와의 높낮이를 기록하는 것이다.

여기에서 사용되는 치수의 단위는 자, 치, 푼, 고링(1/2치를 의미하는 일본용어-본 책에서는 사용하지 않고 0.5푼으로 표기하였음)이 있다. 1자 ≒ 30㎝, 1치 ≒ 3㎝, 1푼 ≒ 1/10치, 고링(현장 목수들이 사용하고 있음) ≒ 1/2치 의 길이 기준이다.

이날 사진에 기록된 주초 레벨을 보면 3^5, 8^5로라고 기록되어 있는데, 이는 가장 높은 주초보다 3.5푼(≒1.05㎝) 또는 8.5푼(≒2.55㎝)이 낮다는 의미이다. 또 다른 의미로는 가장 높은 주초에 사용되는 기둥보다 3.5푼(≒1.05㎝) 또는 8.5푼(≒2.55㎝)이 길다는 의미도 된다.

4 주초에 레벨을 기록하기 전에 이미 레벨 측정이 이루어진 도면(일종의 주심도)

3 목가구 공사

기둥과 보 공사

다림보기와 그랭이질

기둥을 분류하면 건물의 바깥쪽에 둘러선 기둥을 변두리기둥 또는 외진주(外陣柱)라 하고 내부에 줄 바르게 둘러선 기둥을 안두리기둥 또는 내진주(內陣柱)라 하며, 건물의 모서리에 세운 기둥을 귀기둥(隅柱)이라 한다.

기둥을 마름질 할 때는 소요치수보다 1~2치(3~6㎝)길게 마름질 하여 재축(材軸)에 직각이 되도록 잘라야 먹 매기는데 정확성을 기할 수 있다. 따라서 원목이 빗잘린 끝을 직각으로 자르는 것이 좋다. 한두 치 더 길게 마련하는 것은 주춧돌에 그랭이질의 여분(그레발)을 두어야 하고 상층 평주(平柱)일 때는 밑 둥에 장부(촉)을 내어 맞추어야 하기 때문이다.

기둥 마름질 하는 모습을 살펴보면 기둥의 양마구리에 먹줄로 수직, 수평으로 중심을 그리되 양수직선이 비틀리지 않게 잣대를 대거나 나무 졸대를 대어서 일치하는가를 검사한다. 여기에서 먹줄을 먹인 선은 주초의 중심과 맞추어 기둥 세울 때에도 유용하다.

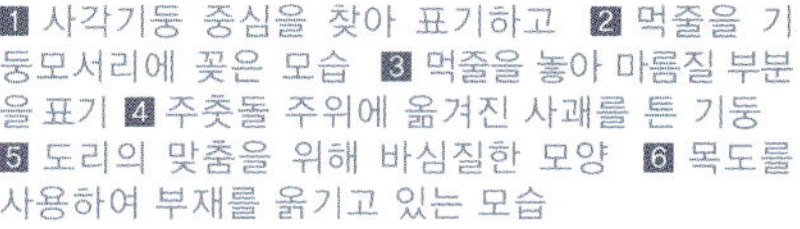

1 사각기둥 중심을 찾아 표기하고 2 먹줄을 기둥모서리에 꽂은 모습 3 먹줄을 놓아 마름질 부분을 표기 4 주춧돌 주위에 옮겨진 사괘를 튼 기둥 5 도리의 맞춤을 위해 바심질한 모양 6 목도를 사용하여 부재를 옮기고 있는 모습

2003년 9월 19일 공사에 사용될 기둥을 치목장에서 공사현장으로 이동했다. 본 공사의 치목장은 현장 반대편에 위치하고 있어 우선적으로 트럭을 사용하여 현장까지 치목된 목재를 옮기고 옮겨진 목재는 건축물에 위치할 곳으로 옮기는 방식으로 이루어진다. 이때 현장에서 위치할 곳으로 옮길 때 목수들이 직접 부재를 옮긴다. 긴 나무에 밧줄을 묶고 부재를 달아 맨 다음 목수의 양쪽 어깨를 이용하여 옮길 부재를 들어 맨다. 이를 '목도' 라고 하는데, 부재의 크기에 따라 사람 수는 다르지만 보통 4명 정도로 짝을 맞추어 옮기게 된다. 이때 목수들간 서로 발이 어긋나게 되면 나무가 떨어져 다칠 수도 있기 때문에 호흡을 맞추어야 하는 주의가 필요하다. 특히 맞춤이나 이음을 위하여 치목한 도리나 윗부분에 사괘를 치목한 기둥의 경우 조금만 잘못해도 도리의 홈 부분과 기둥의 사괘부분이 부러지기 쉽기 때문에 주의하여야 한다.

본 공사에 사용하는 기둥은 원기둥과 사각기둥을 같이 사용하도록 계획되어 있었다. 기둥의 크기는 원기둥의 경우 지름이 1자 2치(36㎝), 각기둥이 1자각(30㎝×30㎝) 굵기이다. 기둥을 옮겨놓고 제일먼저 다림보기(그랭이질을 위한 기초작업)를 하고 그랭이 작업이 이루어졌다.

다림보기란 기둥을 똑바로 세우기 위한 방법이다. 기둥은 치목(治木)후에는 조립할 때 사용하기 위해 중심 먹선은 전후좌우에 모두 친다. 기둥을 세울 때는 먼저 초석을 놓고 초석 위에 기둥을 올린 다음 일으켜 세우고 기둥머리의 사갈튼(+형태의 홈 또는 사괘) 곳에 막대기를 '+'자로 건너지르고 전후좌우 추를 늘어뜨린다. 본 공사에서는 다림보기 추를 사용하여 전후좌우 사면에서 밀고 당기면서 추를 늘어뜨린 실선과 기둥의 중심 먹선이 일치되도록 한다. 이 선들이 일치하면 기둥은 일단 수직으로 선 것이다. 그러나 대부분은 초석과 기둥밑면이 밀착되어 있지 않기 때문에 손을 놓으면서 다시 기울어지기 마련이다. 그래서 다림보기 할 때 쐐기(나무조각)를 사용하여 수직으로 세운 다음(모든 기둥을 수직으로 세우지 않는다. 귀기둥(隅柱)은 안쪽으로 기울어지도록 한다(안쏠림)) 초석과 기둥이 밀착되도록 그랭이라는 작업을 하게 된다.[신영훈, 한국의 산림집]

다림보기 추

기둥 밑부분에 칠 할 '옻'

그랭이질은 다림보기를 해서 똑바로 선 기둥을 그 상태로 유지되도록 기둥 밑면을 초석과 일치시키는 작업이다. 그랭이는 자연초석은 물론 주좌면(柱座面)을 고르게 다듬은 가공초석이라 할지라도 반드시 거쳐야 하는 작업이다.

기둥을 본격적으로 세우기 전에 기둥 밑 부분을 방부처리하기 위해 옻칠을 했다. 목재는 건조상태에 있더라도 폭풍우에 비 맞기 쉬운 것은 빨리 건조되기도 하지만 갈램속 · 이음 맞춤새 등에 스며든 습기는 잘 건조되지 아니한다. 이것이 기둥 밑이 잘 썩는 이유이고 주춧돌 위의 마구리면에서 흡수되는 습기 때문이기도 하다. 또한 벌레 및 우기(雨氣)시 주초에 남아 있는 물기가 기둥을 타고 올라가는 것 등을 방지하기 위하여 기둥 밑 부분의 썩기 쉬운 부분을 방부처리하기도 한다. 방부처리 방법은 자연방부, 표면탄화, 방부제 도포 등 여러 방법이 있으며 본 공사에서는 방부제 도포방법의 일종으로 옻칠을 했다. 그리고 기둥 아래부분 안쪽을 파낸다. 즉 굽을 만든다. 목수에 의하면 기

1 그랭이질을 위해 쐐기를 꽂으며 수직을 맞추는 작업 2 다림보기 추를 내려 다림보기 하는 모습 3 기둥밑 부분을 파내고 옻칠한 모습 4 다림보기, 그랭이질을 위해 기둥 수직 맞추기 작업

둥 밑면이 평평하고 초석도 평평하면 기둥이 미끄러져 초석 위에 기둥을 세울 수 없기 때문에 기둥 굽을 만든다는 것이다. 그리고 파낸 부분에는 소금, 간국, 백반을 넣어 썩거나 벌레 먹는 일을 예방한다고 말했다. 치목장에서 현장으로 도리와 각 부재 일부가 옮겨지고(소로, 대공 등), 최초 장주초가 다른 주초들과의 높이 차이로 인하여(레벨 체크시 문제가 발생) 기존의 장주초보다 키가 큰 현재의 장주초로 교환되었다.

입주식(立柱式)

입주식을 분기점으로 치목에서 조립단계로 넘어가는 것이며 구조체가 만들어지는 시점이므로 매우 중요한 공정이다. 관공서에서 뿐만 아니라 민간에서도 입주하는 날(日)과 시(時)는 택일관으로부터 받아 그 시각에 입주식을 거행했으며, 방향도 중요해서 어느 쪽 기둥을 먼저 세우느냐하는 것도 풍수가의 말을 따랐다.

입주는 일반적으로 사시(巳時: 오전 9~오전 11시경)이루어지는 것이 상례이다. 그러나 본 공사에서는 오시(午時: 오전 11~오후 1시)에 입주식(12시)이 이루어졌다. 구조물에서 기둥은 지붕의 하중을 지면에 전달하는 수직구조부재로서 대들보와 아울러 목조건축에서 가장 중요한 구조재이다. 대들보가 수평력을 받는 가장 중요한 부재라면 기둥은 수직력을 받는 가장 중요한 부재이고 집 구조체 전체의 안정성을 좌우하는 중요한 일인 만큼 '입주'라고 하는 하나의 통과의례로서 제를 올린다. 이를 입주식이라 한다.

건축공정에서는 공사를 처음 시작하는 개기(開基)와 초석을 놓는 정초(定礎), 기둥을 세우는 입주(立柱), 상량대를 거는 상량(上樑)등이 가장 중요한 공정이기 때문에 반드시 날을 받아 시행했으며, 건축공정을 기록할 때도 빠지지 않는 항목이다. 입주식 할 때는

1 옹이 나이테 간격이 넓은 왼쪽이 아래쪽이 된다. 2 나이테가 벌이진 오른쪽이 상부 부분이 된다. 3 치목을 위한 도구인 '끌'의 종류와 망치 4 입주식을 위하여 기둥을 세우는 모습 5 입주식(고주)을 위하여 세워진 기둥 모습 6 입주식의 제를 올리는 목수의 모습 7 입주식 제를 올린 다음에는 기둥이 썩지 않도록 기둥 밑에 간수를 넣기도 하지만 제를 올린 막걸리로 대신하기도 있다.

가장 먼저 세우는 기둥 앞에 과일과 돼지머리, 북어 등 모탕고사 때와 같이 상을 차려놓고 건축주는 건물이 무사히 올라갈 수 있도록 제를 올린다. 제를 올린 다음에는 기둥이 썩지 않도록 기둥 밑에 간수를 넣는 일을 한다. 요즈음에는 상징적으로 기단에 소금항아리를 묻거나 건물주변으로 돌아가면서 소금을 뿌리기도 한다.

입주식은 치목을 모두 마치고 첫 기둥을 세우는 날에 거행된다. 그러나 입주는 단순히 기둥을 세우는 작업만을 말하는 것이 아니라, 기둥의 머리에서 도리와 보를 결합시켜 건물의 뼈대를 형성하는 작업이 포함된다. 대목들은 입주하는 날을 '집 세우는 날'이라고 하는데, 이는 건물의 뼈대가 이 단계에서 형성된다는 것을 의미한다. 목재를 사용하여 건물의 뼈대를 형성시킴에 있어서 대목들은 일정한 목재사용 원칙을 가지고 있다. 즉 '기둥을 세울 때는 원래 나무가 자랄 때 남쪽으로 향했던 면이 세울 때도 남쪽으로 향하도록 세울 것', '기둥을 뒤집어 세우면 안 되며', '뿌리 쪽이 위로 가도록 하면 안된다', '누이(수평재)는 나무는 가지 쪽이 안을 향하도록 할 것' 등이 있다. 다시 말하면 기둥이나 서까래, 문설주와 같이 세워 사용하는 목재는 가지 쪽이 위를 향하도록 배치하며, 도리나 보와 같이 뉘어 사용하는 나무는 가지 쪽이 안쪽으로 향하도록 조립하는 것이다. 이러한 원칙은 목재에 있어서 가지 쪽은 성장, 발전, 번영의 의미를 가지게 되고, 나무의 성장처럼 가운이 번창하기를 기원하고, 수평부재의 가지 쪽을 안쪽으로 향하게 하여 외부의 복을 집안으로 끌어들인다는 의미를 가지고 있다.

치목된 목재의 위 · 아래를 구분하는 방법은 1) 치목된 목재의 옹이의 나이테를 보고 구분한다. 옹이 나이테에서 나이테가 넓은 쪽이 아래 부분이고 넓은 부분이 윗부분이 된다. 2) 옹이 나이테를 보고 위 · 아래를 구분하기 어려울 경우 치목 기구인 끌로 옹이를 밀어보면 잘 밀리는 쪽이 위쪽 부분이 된다.

가구(架構)식 건축

영조법식에서는 '가(架)' 라는 의미는 이웃한 도리와 도리사이의 수평거리를 말하는 것으로 총체적인 의미로서 가구(架構)라는 것은 큰 부재를 짜서 건물의 구조부를 이루는 것으로, 기둥을 세워 울을 만들고 보를 얹으면 '가구가 시작되었다' 고 말한다. 가구재에는 가장 기본이 되는 도리, 대공, 기둥 등은 치수에 맞도록 마름질한 다음 서로 맞물리도록 홈을 판다. 이 홈을 맞추는 것을 목수들은 궁합 맞춘다고 한다. 윗 부재를 '엎을장' 아랫 부재는 '받을장' 으로 하는데, 이것도 요철의 원리이다.

먼저 기본이 되는 기둥(平柱)을 세우고 사갈튼(사괘) 기둥머리에 보아지 그리고 좌우로 창방을 걸면 이로써 기둥은 서로 연결되고 가구의 골격이 이루어진다. 이때 요철의 원리에 의해 짝을 맞추어 나가므로 못을 사용하지 않아도 된다. 이음새도 안 보이게 되고 서로 버티는 힘도 받게 된다. 흔히 '한옥은 못하나 안 쓰고 짓는다' 라고 말하는 연유가 여기에 있는 것 같다. 재래 한국 목구조의 특징은 뼈대로 굵은 재를 써서 기둥간격을 넓게 잡고 단일재를 그 중심에서 맞추는 가구(架構)법이라 하겠다. 그리고 한국 재래 목조건축에서는 구조재이면서 치장재가 되는 것이 보통이다.

◎ 못과 나무의 궁합

못으로 단단히 박아두면 정말 완벽하게 결합된 것처럼 보인다. 그러나 못으로 연결된 곳은 큰 힘을 받게 되고 만약 못이 약하다면 결합부분이 부서지게 된다. 반대로 못이 강하다면 못 주위가 힘을 정면으로 받게 되어 건물전체가 위험해질 수 있다. 특히 지진과 태풍이 왔을 경우 나무의 짜맞춤으로 이루어진 건물의 경우 결합된 부분이 자연스럽게 힘을 피하는 곳이 된다. 그리고 결합된 부분이 흔들림을 붙잡아주는 효과도 있다. 즉 흔들림을 피하는 동시에 흔들림을 작게 해주는 역할을 해주는 것이다.

9월24일 아침 일찍부터 본격적인 가구조립이 시작되었다. 사전에 각 부재들의 크기와 맞춤과 이음을 위한 홈들이 바심질되어있었기 때문에 빠른 속도로 가구들이 조립되기 시작했다.

1 예천 권씨 종택-덧집을 만든 후 보수 작업하는 모습 2 본격적인 가구의 조립시작-고주에 툇보와 대들보를 걸고 충량도 크레인으로 제자리를 잡아주는 모습

가구 조립은 덧집없이 시작되었다. 치목부분에서도 언급했듯이 나무가 햇빛에 직접 노출되고 비를 먹으면 변형이 일어나기 때문에 가구 조립시에도 현장 전체를 덮는 덧집을 만드는 것이 일반적이다. 그리고 그만큼 경제적인 부담도 된다. 그러나 새로 짓는 집과 보수하는 집과는 공사과정에 차이가 있다. 새로 짓는 집의 경우 덧집을 만들면 서까래, 대들보 등 지붕위에 사용될 무거운 부재들을 크레인으로 지붕부분으로 옮기질 못하는 불편함이 있다. 그렇기 때문에 비를 피할 수 있는 철저한 준비가 필요하다.

기둥을 세워 울을 만들고 보를 얹으면 '가구가 시작되었다' 라고 말한다. 기둥은 가구식 구조물의 중심부이고 공간구성의 기본재료이다. 먼저 갓기둥을 세워 평주(平柱: ㅁ30㎝×30㎝)라 부른다. 기본이 되는 기둥이란 뜻이다. 기둥을 세우면서 보아지와 창방이 이어지고 대들보, 소로 등의 조립이 시작된다.

기둥과 창방, 도리는 사괘맞춤으로 이루어졌다. 사괘맞춤이란 기둥머리를 '+' 자로 터서 보와 창방 및 도리 등을 내려 꽂는 맞춤법을 말한다. (화통가지 또는 사파수(四把手)라고도 함[한국건축대계 V '木造', 보성각, p.140])이렇게 십자로 트는 것을 '사갈튼다' 라고하며, 기둥머리 맞춤법으로서 가장 많이 사용되는 방법이다. 사괘맞춤은 공포가 만들어지지 않는 일반살림집이나 작은 규모로 부속채로 이용되는 민도리집, 또는 익공집에서 사용되는 맞춤법이다. 익공집에서 사갈튼(사괘) 곳에 창방과 익공부재가 맞춰지며, 민도리집에서는 보와 민도리 또는 보와 장혀(여)가 맞춰진다. 이때 창방과 민도리 등은 그 끝을 주먹장맞춤으로 하여 옆으로 빠지지 않도록 한다. 그리고 고주에 앞 툇보와 뒤편으로 결구되는 대들보가 걸리고, 두 가지 보를 결합시키려고 홈을 파 장부촉을 꽂고 산지로 못(산지못)을 만들어 박는다. 산지는 단단한 나무를 깎아 만든다. 고주 위 보아지는 종보를 받을 자세를 갖추게 된다. 이 산지못은 옆으로 끼우는 것으로 이완되는 것을 방지하기 위하여 고정시키는 역할을 한다.

대들보는 목조건축의 기본 구조재로 대들보 없는 건물은 흔하지 않다. 일반형의 건물

1 퇴량(退梁): 툇칸에 건 보의 모양 2 충량(衝樑): 한쪽은 기둥 한쪽은 들보에 걸치게 되는 측면의 보의 모습 3 대들보(大樑): 기둥에 위에 얹힌 큰 지붕보 (들보)

에서는 대들보 없이 내부 공간 형성은 어렵다. 대들보는 기둥 위에 공포가 있을 때에는 그 위에 놓이고 공포가 없으면 바로 기둥 위에 얹힌다. 대들보는 평기둥과 평기둥, 즉 앞쪽 열의 평기둥과 뒤쪽 열의 평기둥에 걸치는 것이 보통이지만 스팬이 커져 내부에 고주가 에워질 때에는 평기둥과 고주에 걸치게 된다. 스팬이 20척이 넘으면 한 나무의 대들보만으로는 구성이 어렵다. 나무라는 제약 때문에도 그렇다. 대들보의 춤은 스팬(span-柱間)의 1/12정도도 하고 있으나 본 공사에서는 510㎜×630㎜를 사용하고 있다. 보의 기둥 안쪽은 밑면에 바데떼기를 하고 윗면은 그레먹에서 어깨를 굴러 깎는다. 또 옆면은 상·하 모접기를 하고 보의 밑면은 필요에 따라 한 치 또는 두 치(3~6㎝)정도 깎아 내어 보의 처짐에 대비하는 시각적 고려를 한다. 기둥과 보의 맞춤은 내림주먹장 맞춤으로 이루어진다. 일반적으로 사용되는 보는 설치되는 장소와 종류에 따라 일반적으로 1) 퇴량(退梁, 툇보): 툇기둥과 안기둥(내진주)에 얹힌 보, 2) 충량(衝梁): 한 쪽은 기둥 한 쪽은 들보에 걸치게 되는 측면보, 3) 대들보(大樑): 기둥위에 얹히거나 대청 중간에 걸리는 가장 큰 보로 분류된다.

소로수장은 처마도리 밑에 장여와 인방을 걸고 그 사이에 소로(본 공사에 사용한 수장 소로 크기는 19㎝×19㎝×8㎝)를 끼워 장식하는 것으로 이렇게 지어지는 집을 소로수장집(小累修粧家)이라 한다. 이때 소로는 도리장여와 인방 또는 창방 사이에 일정한 간격으로 배열하고 소로와 소로 사이는 소로 방막이로 막아댄다. 크기는 공포재의 또는 인방재 두께의 1.5배~2.0배 정도로 하고 총 운두는 인방재 두께의 1.0~1.2배 정도로 하며, 소로배치 간격은 (안목간격) 소로크기의 2~4배 정도로 한다.

사실 소로와 방막이 작업의 경우 손이 많이 가는 이유로 일부 한옥에서는 비용절감을 목적으로 완전한 소로를 사용하지 않고 건물 전면에만 소로 형태(반쪽 소로)를 붙이는 소위 딱지소로를 사용하는 경우가 있다. 사실 소로 자체는 목조건축에서 구조적인 역할을 하지 않고 장식적인 효과만 있는 것이기 때문이기도 하다.

1 기둥위의 사갈튼(사괘) 자리에 익공과 창방이 이어지고 사갈튼 주두가 올려진 모습 2 툇보의 보머리와 창방이 조립된 모습으로 아직 도리가 조립되지 않은 상태이다.(숭어턱 맞춤 모습) 3 갓기둥(평주)세우고 창방을 끼워가며 올개미를 형성하고는 고주를 세운다. 갓기둥과 고주사이에 보를 건 모습 4 기둥, 익공, 창방, 주두, 툇보가 짜여진 모습과 바데떼기를 한 보와 소로 방막이의 모습이 보인다. 5 장부촉을 꽂고 산지로 못을 만들어 박는다. 산지는 단단한 나무를 깎아 만든다. 6 기둥을 세우기전에 기둥머리부분에 미리 익공을 끼우는 모습 7 고주에 앞 툇보와 뒤편으로 결구되는 대들보가 걸리고, 두 가지 보를 결합시키려고 홈을 파 장부촉을 꽂고 산지로 못을 만들어 박는다. 8 처마도리 밑에 장여와 인방을 걸고 그 사이에 소로를 끼워 장식하는 모습-소로수장

위에서부터 일반 소로 (행소로), 양갈소로 일종의 수장소로, 사괘를 튼 주두

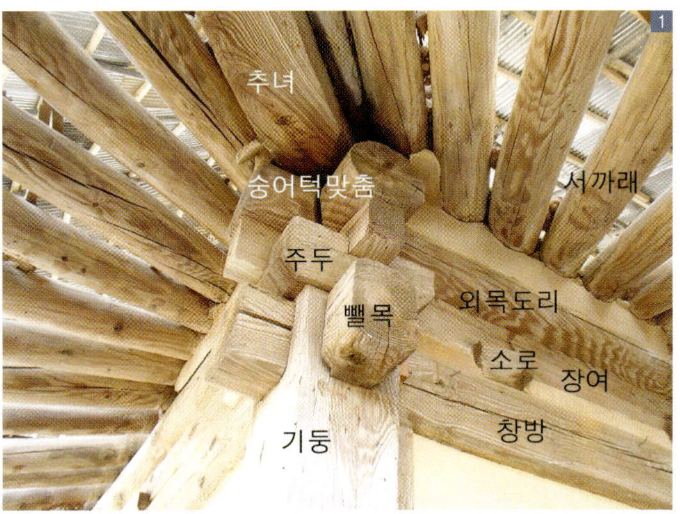

1 모서리기둥 부분의 결구된 모-익공이 없는 민도리 가구(예천 권씨 종택)

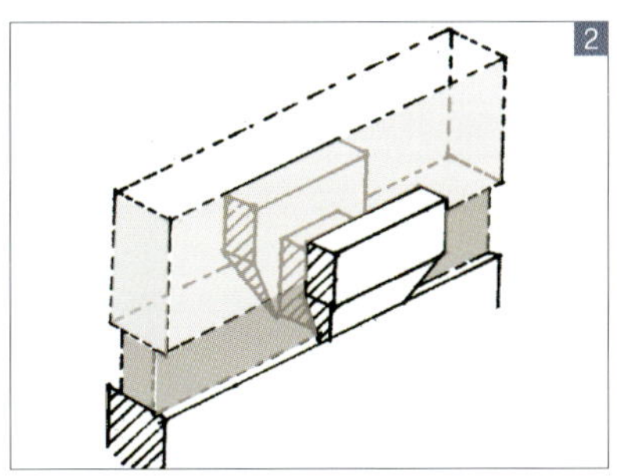

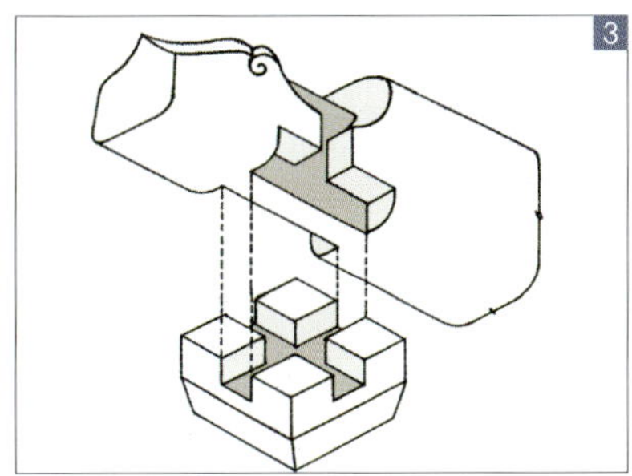

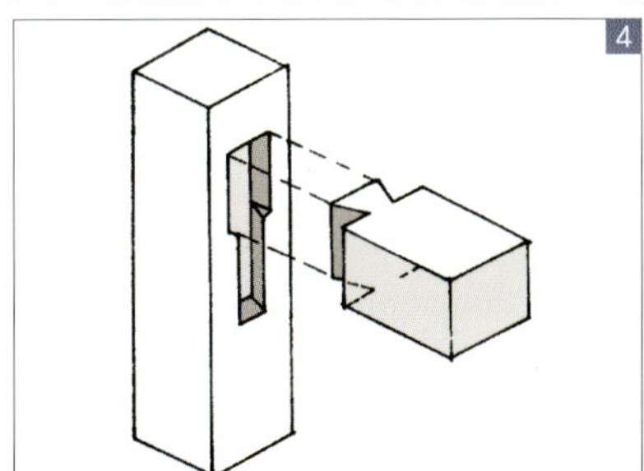

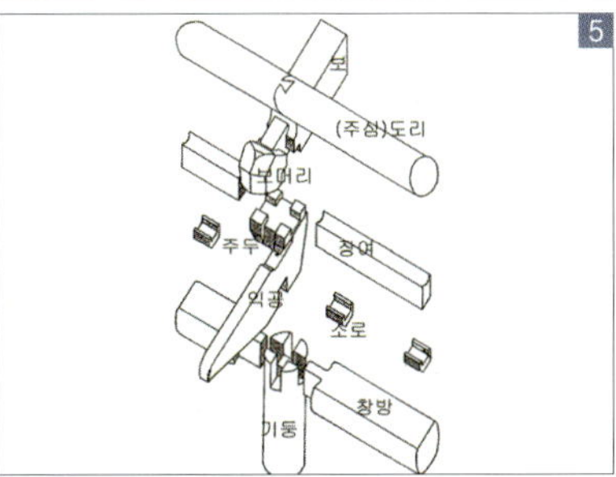

2 처마도리 밑에 장여와 인방을 걸고 그 사이에 소로를 끼워 장식하는 수법(소로수장) 3 주두에 끼우는 보의 숭어턱 맞춤 4 기둥과 대들보의 맞춤(내림주먹장 맞춤의 모습) 5 기둥-익공+창방-주두-대들보-장여-도리 순으로 이루어지는 초익공 결구도

일반적으로 무익공집의 경우 기둥 맨 위쪽에 주두가 놓이고 이 주두가 보를 받치는 역할을 하게 된다. 즉 주두가 보의 끝부분과 결구(맞춤)되어 가구식 구조가 형성되는데, 이때 주두와 보의 끝부분이 만나는 맞춤형식은 크게 두 가지 맞춤이 있다.

첫째, 주두가 보의 밑 부분 모양대로 치목이 되어 만나는 형식

둘째, 결구되는 보가 주두 모양대로 치목되어 맞춤을 하는 형식 (본 공사 시공방식)

1 주두가 보의 형태에 맞추어 치목된 형태(예천의 권씨 종택)-초익공 2 보가 주두의 모양에 맞추어 치목한 모습(예천의 초간정)-초익공 3 보의 끝 밑 부분이 주두에 맞추어 치목된 모습(본 공사) 4 주두의 모양에 따라 치목된 보가 결구된 모습(본 공사) 5 기둥 위에 주두를 고정시키기 위하여 홈을 낸 경우(은해사거조암)

주요용어정리

공장(工匠)과 각종 편수의 호칭

◎ 공장(工匠)의 호칭

장인세계에서 주로 건축공장의 우두머리로 사용되던 '대목(大木)'이라는 호칭은 조선초기부터 점차 사라지고(관영건축에서는 17C, 사찰건축에서는 18C경에 사라짐) 대신에 19C경에 공장의 우두머리를 도편수(都邊首)라는 호칭으로 불리어지기 시작되었다. 관영건축공사에서는 편수(邊首)로 표기하는 것이 일반적이고 사찰공사에서는 편수(片手)로, 도편수에 대해서도 관공사에서는 도편수(都邊首)로, 사찰에서는 도편수(道片手)로 사용하는 것이 보통이다. 도편수라는 용어를 사용하면서 공장(工匠)의 조직체계는 우두머리인 도편수, 도편수아래 각 직부분별 세분된 편수가 조직되고 그 아래 일반 장인(匠人)이 구성되는 경우와 도편수 아래 부편수를 두고 각 직능에 따라 편수 → 장인으로 구성하는 경우도 있었다.

◎ 각종 편수의 호칭

· 정현(正弦)편수 : 처마나 지붕의 곡선을 잡는 등 건물 전체의 윤곽을 결정하는 역할 또는 정식으로 모집된 편수

· 석수(石手)편수 : 돌에 대한 작업을 담당하는 우두머리

· 연목(椽木)/부연(浮椽)편수 : 서까래와 부연을 깍고, 거는 일을 담당하는 우두머리

· 창호(窓戶)편수 : 각종 창호를 담당하는 목수의 우두머리

· 당가(唐家)편수 : 궁전, 사당, 대법당 등의 닫집을 꾸미는 목수직의 우두머리

· 행각(行閣)편수 : 전각에 딸린 부속 행각을 짓는 목수직의 우두머리

· 삼문(三門)편수 : 대문 등을 짓는 목수직의 우두머리

· 야장(冶匠)편수 : 대장 일에 종사하는 기능공의 우두머리

주춧돌 놓는 기법

「산림경제」에 기록된 주초를 놓는 기법은 초(礎)를 축기(築基: 기초)위에 놓을 때는 반드시 첩토온안(帖土穩安)하여야 되는 것이니, 약간이라도 흔들여 빈 자리가 생기면 안 된다. 만일 간격이 생겼다고 해서 돌조각을 덧끼워 받치려 해서는 안 된다. 이럴 때는 잘 다져진 땅바닥이나 입사기초된 부분으로부터 평평하게 고른 뒤에 주추를 반듯하게 놓아야 동요될 염려가 없다. 그러나 사람들이 이런 이치를 모르고 단지 고임돌로 주추를 고이고

밖으로 진흙을 싸발라 가리려 하지만, 그것은 오히려 주추 바닥이 비어서(空虛) 물이 스며들면, 겨울에 얼어 부풀었다가 봄에 녹아내리면서 가라앉아 주추가 기울어지고, 심하면 기둥이 넘어지기도 한다. 그러므로 주추를 놓는 일은 아주 신중히 해야 한다.

방부처리 방법(防腐法)

◎ 자연방부(自然防腐) : 목조가옥의 자연방부로서는 통풍이 잘 되게 하고 습기·습윤을 피하는 것이다. 우리의 장마철 습도는 80% 정도이고 온도는 20~30°C가 되므로 부패균의 번식에 적당한 시기가 되기도 한다. 따라서 방부처리가 필요하다.

◎ 표면탄화(表面炭化) : 목재의 표면을 태워서 목탄을 얇은 층을 만들어 균의 발생을 방지하는 방법으로 옛날부터 많이 사용한 방법이다.

◎ 방부제 도포(防腐劑塗布) : 콜타르, 연화아연, 황산동, 연화수은, 옻칠, 페인트, 래커 등으로 도포하는 방법과 침지법, 주입법이 있다.

· 침지법(浸漬法) : 방부제액 속에 담가 목재 속까지 침투하게하는 방법

· 주입법(注入法) : 양액조에 넣어서 끓인 다음 천천히 냉각시키면서 스며들게 하는 방법과 가압주입법이 있다.

기둥 세우는 원칙과 기법

◎ 기둥 세우는 원칙

기둥을 세울 때는 기둥의 방향이 중요하다. 원래 자랄 때 남쪽을 향했던 면이 세울 때도 남쪽으로 오도록 세워야 한다. 즉 원래 나무가 서있는 방향과 일치하도록 기둥을 세워야 한다는 것이다. 나이테로 쉽게 그 방향을 알 수 있는데, 어느 나무든지 남쪽은 나이테가 넓고 북쪽은 나이테가 좁기 때문에 쉽게 구분할 수 있다. 원래 생태계에 있었던 대로 배치해야 기둥의 비틀림이나 갈라지는 것을 조금이라도 줄일 수 있기 때문이다.

◎ 기둥 세우는 기법

기둥을 세우는 전통적인 기법에는 크게 두 가지가 있다.

· 안쏠림(側脚) 기법 : 기둥의 배열상 양쪽 외측에 위치한 기둥이 바깥으로 벌어져 보이는 시각적 착각을 교정하기 위해 기둥부 상단을 수직면에서 약간의 각도로 안쪽으로 쏠려(약 1:100의 비율) 세우는 기법으로 건물 전체에 시각적인 안정감을 부여하는 기법

· 귀솟음(生起) 기법 : 지붕의 처마가 양쪽 외측에서 처져 보이는 것을 교정하기 위해 모서리 기둥을 평주보다 약간 길게 하여 솟아 올림으로써 처마곡선을 조화롭게 보이게 하는 기법

기둥의 입면 형태에 따른 분류

기둥은 18세기에는 대개 '지동'으로 불렸으며 이외에도 긷, 기디, 기둥 등으로 다양하게 불렀다. 기둥을 나타내는 한자로는 주(柱), 영(楹), 탱(撑), 찰(擦) 등이 있다.

· 민흘림 기둥 : 기둥머리의 직경이 기둥뿌리에 비해 작은 사다리꼴 형태의 기둥

· 배흘림 기둥 : 기둥뿌리부터 1/3지점에서 직경이 가장 크고 위와 아래로 갈수록 직경을 줄여가면서 만든 기둥

· 직립주(기둥) : 기둥머리와 기둥뿌리의 직경이 같은 기둥

· 도랑주(기둥) : 기둥 중에서 원목을 대략 껍질만 벗겨 거칠게 다듬은 자연목에 가까운 기둥

배흘림 기둥-부석사

직립주-봉화향교

도랑주-개심사

조상들의 지혜가 담겨있는 다양한 충량의 모습

우리조상들은 보의 형태, 특히 충량의 형태는 다양하게 표현하고 있는 것을 전통사찰의 주불전 건물에서 많이 볼 수 있다. 사찰내부공간의 존엄성, 위엄, 그리고 신비함 등을 나타내기 위하여 충량을 들보에 걸치는 일반적인 방식 외에 들보 밖으로 돌출시켜 여러 형태의 전설적인 동물의 얼굴(일반적으로 용)들을 형상화시킨 경우가 많다.

부안 내소사 내부 충량모습

강화도 전등사 내부 충량모습

부안군 개암사 내부 충량모습

영조법식(營造法式)에 기록된 보의 크기에 관한 사항

영조법식이란 중국 북송 철종 연각의 1091년부터 1097년 동안 장작(將作)의 벼슬에 있던 이계(李誡)가 완성한 것으로 건축에 관한 전반적인 것을 다루고 있는 전문적인 건축서(建築書)로 볼 수 있다. 영조법식에서 서까래에 대한 명칭을 주로 '연(椽)'이라는 말로 사용하고 있다. 서까래의 길이가 건물의 규모에

따라서 규정되어 있다. 이때 길이라는 것은 서까래의 전체 길이를 의미하지 않고 기울어진 상태에서 그 수평거리를 의미하고 있다. 그리고 도리와 도리사이의 수평거리는 규정된 서까래의 길이에 의해 제한되었다.

보의 치수와 형상은 기능과 위치에 따라서 서로 다르다. 천장 아래 양복(梁袱)을 일러 명복(明袱)이라 하는데 '외부로 노출된 보'를 의미한다. 그것들은 직량(直梁)이거나 활 모양으로 구부러진 월량(月梁), 즉 '신월형(新月形)의 보'이다. 천장 위에 잘 다듬어 가공하지 않은 보는 초복(草袱)이라하고 지붕의 중량을 받는데 사용한다. 보의 둘레는 그 길이에 따라서 서로 다르다. 그러나 그 단면의 높이와 폭이 3:2의 비율을 유지하도록 하는 것을 표준으로 삼는다고 기술하고 있다.

드잡이 공사와 한옥 폐기물 재활용

기울거나 내려앉은 건물을 해체하지 않고 그대로 작키, 탕개(턴버클) 등을 써서 바로 잡는 일. 즉 기둥이나 보 등의 큰 부재가 처지거나 휜 것을 들어 올려 맞추는 일을 말한다. 따라서 드잡이 공사시 중요한 것은 훼손된 수평부재와 수직부재의 짜임을 복원하는 것이다. 특히, 기둥 부재와 주춧돌과 만나는 부분이 썩어 손상된 경우 새로운 부재로 대체하여야 하는데, 이때 고재(다른 한옥의 철거나 보수 공사시 나온 부재)를 많이 사용하게 된다. 한옥의 부재들은 한옥이 철거되더라도 단순히 건축폐기물로 전략하는 것이 아니라 재활용될 수 있기 때문에 고재의 사용은 우수한 자원의 재생 뿐만 아니라 효율적 측면에서도 매우 중요하다.

· 살잡이 : 가라앉거나 쓰러져가는 건물을 바로 잡는 일

기둥을 나비장으로 이어 사용한 사례-봉화 해저마을 만회 고택 안채

지붕 가구(架構) 공사

먼저 본 내용에서 '지붕 공사'라고 하는 것은 각종 도리 공사(架構)를 제외한 서까래 공사부터 부연, 상량식에 이르는 과정으로 지붕을 형성하는 가구의 범위로 한정하고 기술하기로 한다. 그 이유는 서까래 공사 이전까지를 일반적으로 가구(架構) 공사라 정의하며, 서까래 공사가 지붕 형태의 결정짓는 바탕이 되기 때문이다. 한옥 지붕의 느낌은 서까래가 처마 밖으로 많이 빠져나가기 때문에 지붕이 대단히 크고 육중하게 느껴진다. 사실 지붕 위에는 흙으로 구운 기와를 잇기 위해 사용되는 흙으로 인하여 지붕전체의 중량은 실제로도 대단하다. 이러한 무게감을 없애주고 빗물의 신속한 배수를 위하여 처마의 앙곡(昂曲)과 안허리곡이 생기긴 했지만 이러한 지붕의 처마곡선은 지붕이 날렵하고 율동적으로 보이게 하며, 지붕의 무게감을 덜어주는 시각적인 역할을 하기도 한다. 그러나 지붕이라는 구조물은 어느 축조물에서나 반드시 필요하고 중요한 요소를 지니고 있는 구조물 중의 하나이다. 이러한 지붕은 건축물의 규모와 형식에 따라서 지붕의 형태가 달라지고 치장이 달라지며 지역의 기후 조건에 따라서 지붕의 구성이 달라지기도 한다.

도리와 추녀걸기

목조 지붕가구는 건축물의 기본 골격으로 기둥 · 보 · 도리 등을 중심으로 구성된다. 도리의 종류에는 기둥과 마찬가지로 단면이 원형인 '굴도리' 와 사각형 단면인 '납도리' 로 분류하며, 납도리보다 굴도리가 보다 고급부재에 속한다. 이외에 지역에 따라 8각형 도리를 사용하기도 하는데, 이는 치목 비용을 줄이기 위한 것이다. 사실 굴도리를 만들기 위해서는 여러번 먹줄치기를 하여 사면을 정확하게 다듬고 다음에 팔각형으로 만들고 다시 모를 죽여 원형단면인 굴도리로 치목되기 때문에 굴도리의 치목단가가 납도리에 비하여 월등히 높다. 이러한 이유로 굴도리를 사용하는 경우에는 어느 정도 경제적인 여유가 있는 집안으로 간주되었다. 도리의 길이는 기둥 간격 길이로 잘라 사용한다. 즉 기둥중심에서 이어지고, 이어지는 부분은 나비장 맞춤으로 도리끼리 빠지지 않게 결구한다. 일반적으로 주택에서는 본채에 굴도리를, 문간채 · 행랑채 등에는 납도리를 사용하기도 한다. 그러나 도리의 종류를 선택할 때는 주 건물과 부속건물, 중심부와 주변부의 개념을 정리하여 사용하는 것이 좋을 것이다.

한옥의 규모는 도리의 배치수에 따라 3 에서 7량가(樑家) 정도 등으로 불리는데, 이것은 지붕의 형태와 크기를 결정짓는 중요한 요소이다. 가구(架構)를 구성하기 위한 최소 단위는 3량가이며, 일반적으로 가옥에서는 5량가가 가장 많이 쓰인다. 본 공사는 2고주 7량가이다. 예로부터 7량가는 아주 고급스러운 집으로 간주하였다. 7량가에서는 5량가 이하에서는 볼 수 없는 종중보(宗中樑)가 설치된다. 종중보는 집의 규모가 커서 7량 이상 도리가 설치되어야 할 때 대들보와 종보 사이에 걸리는 보를 의미한다. 그리고 도리 밑에는 언제든지 도리의 보조재인 장여가 붙어 다닌다. 네모모양의 납도리의 경우에는 장여가 없을 수도 있지만 둥근 도리(굴도리)인 경우에는 장여가 붙어 다닌다. 장여는 일반적으로 단면이 장방형으로 폭보다 운두(높이)가 높은 각재(角材)로 되어있다. 굴도리의 경우 지름은 최소 6치(18㎝)로 하고 보통 8치~1자 2치(24~36㎝)가 쓰이며 특대 건물에서도 1자 3치(39㎝)를 넘는 것이 거의 없다. 본 공사에서 사용된 굴도리의 경우 1자1치(Ø33㎝)이며 여기에 받치고 있는 장여의 경우는 ㅁ (폭)12㎝×(높이)18㎝를 사용하고 있다.

긴장여(통장여)는 도리(사용된 도리 Ø33㎝) 밑바닥을 받치면서 도리와 같은 길이로 되어 있다. 그리고 이 긴장여는 경사를 조정하기 위해 높이를 조절하여 도리를 얹고 서까래를 걸게 된다. 따라서 도리 밑 긴장여는 위치에 따라 약간씩 높이 차이를 갖는 경우가 많다. 지붕가구 뿐 아니라 각 부재의 접합은 일반적으로 도면엔 지시가 없다. 이음이나 결구에 대한 상세도가 따로 표기되어 있는 것도 아니다. 보통 숙련된 기술자가 작업을 진행하는데, 경험없는 기술자는 짜는 법과 이음법이 매우 어렵고 까다로워 어리둥절하기 십상이다.

종도리와 중도리의 장여 밑에는 대공을 만들어 받치도록 한다. 일반적으로 짧은 기둥이라하여 동자기둥이라 부르기도 한다. 그 모양에 따라 판대고, 화반대공, 포작형 등 다양한 형태로 만들어 사용하였다. 본 공사에는 판대공, 포작형, 화반대공 등을 사용하였다.

화반모양의 화려한 동자대공-예천 권씨 종택

포작형의 동자대공-예천 권씨 종택

3량식 가구 판대공의 동자대공-예천 권씨 종택

지붕의 종류에는 홑처마와 겹처마로 나눌 수 있는데, 본 공사에는 겹처마로 계획되어 있다. 추녀(春舌)는 건물 모서리 45° 방향으로 걸리는 방형의 단면 부재를 말하며, (조로)평고대를 걸고 지붕구조를 만들 때 가장 먼저 거는 것이 추녀이다. 추녀는 대들보와 더불어 한옥에서 가장 큰 부재이기도 하다. 그리고 추녀를 경계로 앞 처마와 옆 처마를 구분한다. 추녀는 귀기둥 상부 왕찌도리 위에 추녀를 만들고 배 바닥을 대고 걸린다. 이때 추녀의 각진 바닥과 도리의 둥근 면이 만나는 부분에는 그

경남 허삼돌가옥 활주 부여 무량사 극락전의 활주모습 마곡사 대웅보전- 활주의 모습

랭이가 이루어지고 추녀가 흔들림 없이 고정되도록 하여야 한다. (주심)도리를 저울대로 삼아 뒤 뿌리는 중도리에 결구되고 앞머리는 허공으로 삐쭉 나오게 되는데, 머리는 아래로 향하도록 한다. 오래된 집 또는 사찰 등에서 추녀를 받치는 가는 기둥을 볼 수 있는데 이를 '활주'(活柱)라고 한다. 활주는 추녀가 처질 것을 염려하여 그 아래를 받치는 역할을 한다. 사실 활주를 사용할 경우 지붕이 조금은 무거워 보이는 느낌을 주기도 한다. 추녀의 경우 도리목을 수평의 기준으로 삼는다면, 앞머리는 약 15° 정도 밑으로 숙여지게 된다. 추녀는 한옥에서 가장 특징적인 부분으로 추녀와 그 주변에 부채살처럼 펼쳐진 선자서까래가 이루어 내는 곡선과 율동미의 조화를 손꼽을 수 있다. 이 추녀구성에는 너무 많은 변수가 있고 목수의 계보와 지역과 시대적인 차이에 따라 다양한 기법이 구사된다고 한다. 한마디로 한다면 처마곡선의 구성은 추녀가 있음으로 생겨난다. 추녀가 없는 박공집에서는 곡선이 있되 추녀가 있는 건물에 비하면 직선적인 곡선이 된다. 건축용어로는 추녀가 돌출된 상황 또는 평면도상의 처마곡선을 안허리라 하고 솟구친 상황을 앙곡(仰曲)이라 칭한다. 맞배지붕에는 생기지 않고 추녀의 안쪽 끝은 중도리 모서리에 올라앉으며 주심도리가 지렛대 역할을 해서 균형을 잡는다. 이때 추녀를 중도리와 주심도리에 움직임 없이 고정시키고 그리고 수직으로 앉히기 위해 중도리와 주(심)도리에 추녀 그랭이질을 한다. 그리고 도리를 추녀 폭 만큼 도리를 깎아서 접착시킨다. 추녀의 운두에 의해 추녀가 얼마만큼 올라가는지(추녀곡)를 결정하게 된다.

도리 역시 장여에 올려질 때 둥근도리(굴도리)에 닿는 장여의 윗면은 접착이 잘 되도록 둥근 면으로 굴려 파는데 이것을 '굴리기'라고 한다. 그러나 때로는 굴도리의 밑면을 장여 나비만큼 평면으로 깎아서 접착시킬 때도 있다. 이런 작업은 굴리기와 달리 '평깎기'라 한다. 이것은 굴도리의 안정을 꾀하는 데는 유리하나 도리와 장여가 틀어질 때에는 곧 눈에 보이는 것이 흠이라 할 수 있다. 또한 도리의 단면이 방형인 도리를 '납도리'라고 부른다.

1 상량 일부를 제외하고 종도리 등 지붕의 골격이 형성된 모습 2 대들보 위 종보를 받치고 있는 동자주의 짜임 모습으로 도리 밑에는 긴장여가 도리를 받치고 있다.(동자주와 보아지의 모습) 3 장여 위에서 도리와 도리가 맞추어지는 모습(일종의 반턱연귀 맞춤) 4 주심도리와 중도리가 제자리에 결구되고 추녀의 앞쪽은 주심도리의 왕찌자리에 자리하고 뒷부분은 중도리에 안장 삼아 결구된 모습 5 창방위에 장여와 굴도리를 조립하는 모습 6 종도리와 종보 그리고 종보가 판대공을 받치고 있는 모습 7 종보 위의 화반대공이 종도리를 받치고 있는 모습. 뒤쪽에는 종중보가 보이고 종중보 양쪽으로 중도리가 지나가고 있는 모습이 조금 보인다. 8 지붕구조를 만들 때 가장 먼저 주심도리의 왕찌자리에 추녀를 거는데 이때 도리에 걸리는 추녀는 도리목의 수평을 기준으로 앞머리는 약 15° 정도 밑으로 숙여지게 된다.

평깎기: 도리를 장여에 맞게 평면으로 깎은 모습 (개심사)

굴리기: 도리의 원형에 맞게 장여를 굴려 판 모습

각형 단면을 가진 납도리와 장여의 모습 (봉화의 계서당)

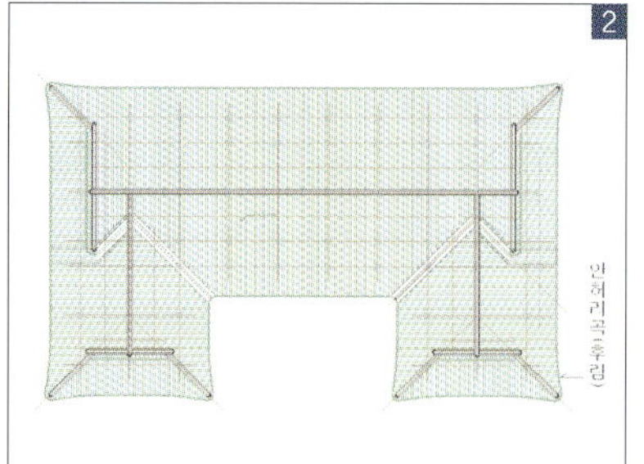

1 불갑사 대웅전의 처마곡선-조로(앙곡) 2 후림을 보여주는 지붕 평면도

서까래 작업

한국 경복궁의 정전인 근정전 – 정면의 처마곡 조로(앙곡)

일본 큐슈의 고쿠라성 모습

중국 북경 자금성의 정전 모습

다른 어느 나라에서도 볼 수 없는 지붕처마에서 나타나는 곡선은 한국전통 건축의 가장 큰 특징 중의 하나이다. 이런 기와 지붕마루의 곡선들은 인위적인 선이 아니다. 용마루, 내림마루, 귀마루의 곡선이 자연적인 현상에서 오는 현수곡선(懸垂線: 실의 양쪽 끝을 고정하고 중간을 자유로이 늘어뜨렸을 때 실이 이루는 곡선)을 구사하고 기와 끝이 이루고 있는 처마곡선도 이와 같은 현상을 고려한 것으로, 비록 인위적으로 구조물을 만들더라도 자연과의 조화를 고려한 선인들의 지혜이다. 이런 지붕곡선은 기둥의 배치, 도리의 구성(架構)에 따라 달라질 수 있지만 특히 서까래의 구성이 지붕 전체의 모습을 좌우한다고 보아도 좋을 것이다. 일본과 중국 전통건축의 처마곡선의 경우는 처마 끝부분인 추녀부분에서 살짝 치켜올려 주는 정도로 우리 전통 건축에서 나타나는 자연스러운 곡선이 아닌 직선적인 느낌으로 인하여 딱딱하고 육중한 느낌을 주고 있다.

지붕 공사의 순서는 지붕의 형태, 몇 량 집인지 그리고 홑처마인지 겹처마인지에 따라 달라질 수 있지만, 본 공사는 본채가 2고주 7량이며, 돌출부는 5량 집이며, 겹처마, 팔작지붕으로 이루어져 있다.

서까래를 놓을 때는 먼저 사방 모서리에 추녀를 걸고 선자연의 막장과 짝새(붙임혀 또는 초장)의 자리를 잡는다. 다른 모서리도 같은 작업이 이루어진 후 모서리 추녀 끝부분끼리 이은 조로 평고대를 놓고 앙곡과 안허리를 맞추고, 갈모산방과 선자연 작업이 이루어진다. 이 작업이 끝나면 평서까래를 평고대에 맞추어 거는 순서대로 이루어진다.

그 후 중연(7량집 이상인 경우), 단연의 작업이 이루어지고, 서까래 작업이 마무리되면 서까래 위에 개판(또는 골판(谷板), 연개판, 골개판이라고도 함)을 덮는 작업이 이루어진다. 개판작업이 이루어지는 동안에 다른 목수들은 추녀 위에 사래를 걸고 부연(겹처마의 경우에만 해당)을 걸게 된다. 동시에 합각부분에 박공판작업도 이루어진다. 부연을 거는 작업 역시 서까래 작업과 같은 순서대로 이루어진다. 단지 부연과 부연사이는 착고판(또는 당골판)으로 막고 서까래와 서까래 사이는 흙으로 막는 작업(후에 이루어짐, 당골벽: 도리에 걸린 서까래 사이의 간극을 막은 벽)이 이루어진다. 위 작업이 끝나면 부연 뒷부분에는 부연 누리게(느리게), 서까래끼리 만나는 부분 위에 누리게 작업이 이루지고, 최근에는 지붕의 무게를 경감시키기 위하여 덧서까래를 거는 경우도 있다(본 공사에서는 덧서까래 작업이 이루어 졌음). 여기까지 작업이 목수가 할 수 있는 작업이고 이후의 작업은 와공(瓦工)들에 의해 이루어진다. 서까래 크기는 일반적으로 기와집에서는 서까래의 지름을 3.5치(10.5㎝)~4.5치(13.5㎝) 정도로 하고 초가에서는 3치(9㎝) 미만으로 하며 몹시 가늘게 보이는 것을 밀집서까래라 한다. 공랑이나 지방향교 건물에서는 4치(12㎝)~5치(15㎝) 지름, 법당 기타 중요건물에서는 6치(18㎝)~8치(24㎝)정도로 한다. 서까래의 배치간격은 보통 1자(약 30㎝) 정도로 하고 지름 8치 이상일 때는 1.2자(약 36㎝)간격으로 한다. 여기에 부연을 달면 그 만큼 처마는 깊어지게 되고 동양건축의 특징의 하나가 되는 것이다. [목조, 보성각, 장기인, p.289]

공휴일도 쉼없이 작업은 계속되었다. 지붕의 천장구조를 대부분 마친 후 다음날부터 서까래(長椽/短椽)를 걸기 위한 비계작업이 시작되었다. 비계작업을 마친 후 비계위로 서까래(장연길이 365㎝ 6치(Ø18㎝)/단연 167㎝ 6치(Ø18㎝))를 옮기고 서까래 작업(30㎝간격≒1자 간격으로 배치)을 시작하기 전 평고대(平高臺)대로 조로와 후림을 맞추는 작업이 이루어졌다. 평고대는 평고자(平高子)라고도 하며, 추녀나 사래에 휘어 오른 귀 평고대를 조로라 한다. 처마서까래 위에 얹은 것을 초매기라하고 부연 위(사래를 의미)에 얹은 것을 이매기라 한다. 평고대의 치수는 보통 2치 이상의 정각재를 쓰는 것이 보통이나 춤을 나비보다 5푼~1치 더 큰 장방형 단면재를 쓰기도 한다. 그리고 평고대로 처마곡선으로 만들어야 하기 때문에 미리 평고대와 기존의 장여 등을 이용하여 자연스럽게 곡선을 만든다. 또한 평고대의 단면에서 지붕 안쪽으로 향하는 부분이 오목 들어가게 치목을 하게 되는데, 이는 개판(蓋板)을 끼워 넣기 위한 자리이다. 서까래는 장연과 단연이 있는데, 장연(長椽)은 중도리에서 주심도리에 걸리는 서까래를 의미하고 단연(短椽)은 종도리에서 중도리까지 이어지는 서까래를 의미한다. 서까래의 길이는 마음 놓고 길게 뽑을 수가 없다. 처마하중이 모두 서까래에 걸리고 그 힘은 모두 도리와 서까래가 접촉되는 곳에 집중적으로 걸려 도리 위 서까래가 위험하게 된다. 따라서 건물 높이가 높은 집의 처마는 겹처마로 처리되는데, 이때 부연(浮椽)이라는 부재가 사용된다. 도리 위에서 지붕면 전후에 걸리는 서까래를 고정시키는 방법으로 옛날에는 도리 위에 서로 엇갈리게 나열되는 서까래 옆을 관통하여 구멍을 뚫고 싸리나무 등을 꿰어서 연결하는 방식을 사용하는데, 이때 연결시키는 싸리나무를 '연침(聯針)'이라 한다. 그러나 최근에는 연침을 사용하지 않고 대부분 못으로 고정시킨다.

건물정면에 걸리는 평고대는 너무 길기 때문에 하나의 나무를 사용하지 못하고 2~3개의 평고대를 이어 사용한다. 평고대는 처마의 끝에서 반대편 끝까지 한 나무로 건너지르든지 두 가닥의 나무를 쓰든가 한다. 여기에 사용되는 평고대는 서까래 끝을 가지런하게 골라 주는 역할과 지붕곡선을 꾸며주는 역할을 도맡는다. 이때 지붕의 곡선을 계산하여 휘어진 평고대를 만들어 쓰는데, 이를 '조로평고대'라고 한다. 조로평고대를 사용하면, 아름다운 유선(流線)의 처마곡이 이루어진다. 우리나라 한옥의 처마곡은 3차원으로 건물 정면에서 처마곡선이 양쪽 끝부분으로 자연스럽게 올라가는 곡선을 '조로' 또는 '앙곡(仰曲)'이라 하고 평면상(지붕위쪽에서 아래로 지붕을 보았을 때)에서 지붕을 보면 원호와 같은 곡선이 생기는데, 이를 '후림' 또는 '안허리'라 한다.

평고대의 이음은 빗걸이이음을 사용하고 있다(도리와 도리는 나비장이음, 기둥과 툇

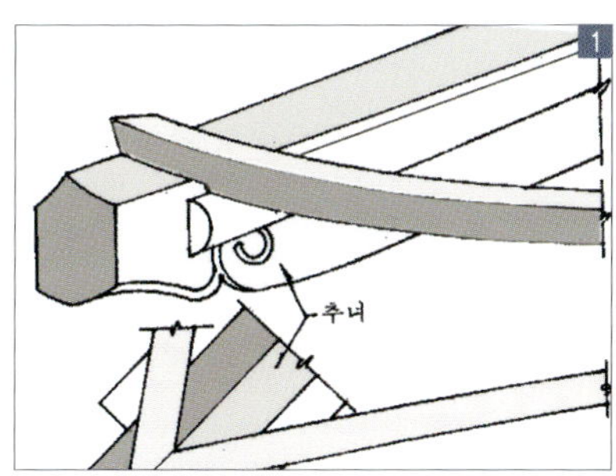

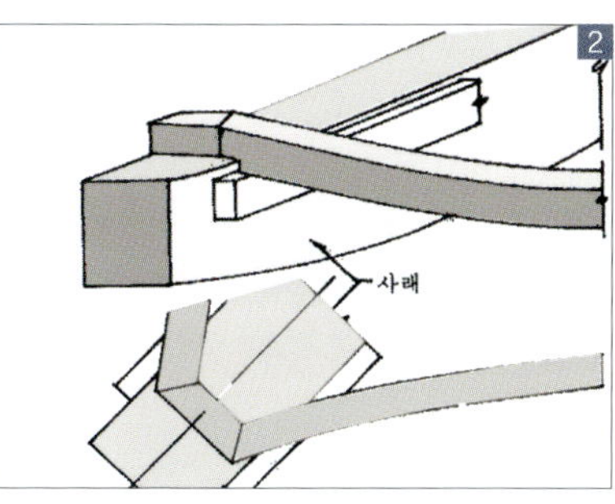

1 추녀위에 평고대가 올려진 초매기 조로의 모습과 추녀 옆에 반원형의 초장(짝새, 붙임혀)의 모습 2 사래위에 사래 평고대가 올려진 이매기조로 모습과 추녀 옆에 사각형의 초장(짝새, 붙임혀)의 모습

보의 이음은 주먹장이음.) 서까래의 물매는 곧 지붕의 물매가 된다. 지붕의 물매가 지방에 따라 다소 차이는 있겠지만 대체로 민가나 격식이 낮은 건물은 물매가 뜨고, 중요 대형건물은 높게 하는 것이 원칙이다. 오량집 이상에서는 처마서까래(둘어새언, 檐下椽)와 지붕마루서까래(棟椽)의 경사는 달리되는 경우가 많다. 처마서까래의 물매는 뜨게하고 지붕마루서까래는 되게 하는 것이 보통이다. 처마끝에서 지붕마루까지 직선으로 연결하는 물매를 지름물매 또는 맞지름물매라 한다.(덧서까래의 물매에 해당된다고 할 수 있음) 처마서까래의 물매는 보통 4~5치 물매로 하지만 주택이나 서당건물에서는 4치를 넘지 않는다고 한다. 본 공사에서는 처마서까래의 물매는 5치, 동연 물매는 7치를 이루고 있다.

3 평고대와 서까래(長椽)에 의해 조로와 후림이 이루어진 평고대 4 양쪽 모서리에 추녀가 올라간 모습 5 추녀방향으로 기와를 덮을 때에 연암의 모서리를 깍아서 암기와와의 밑면을 닿게 한 이메기 조로 6 주도리와 중도리가 제자리에 들어서고 귀에서 왕찌를 짜면서 그것에 안장으로 삼아 추녀를 건다. 서까래에 걸쳐진 평고대를 도리와 비계에 철사를 이용해 평고대의 각을 잡고 있는 모습도 보인다.

선자연(扇子椽) 걸기

추녀(春舌)부분에 추녀를 중심으로 양쪽으로 부채살처럼 방사선으로 서까래가 걸리는데, 이렇게 서까래를 거는 방법을 선자연(扇子椽)이라 한다. 추녀를 중심으로 서까래를 거는 방법에는 선자연 외에 마족연(馬足椽), 평연(平椽: 서까래를 평행하게 거는 방식)의 방법이 있다. 각 방식의 사례를 답사한 결과 마족연의 경우, 우리나라 전통 초가지붕에 많이 사용하고 있었고 평연의 경우는 찾아보기 힘들었다. 본 공사에서는 선자연 서까래 방식을 채택했다. 선자연 방식으로 서까래를 걸기 위해 추녀 양쪽을 갈모산방이라는 부재를 설치하게 된다. 그리고 추녀 중간부분에서 끝부분까지는 사래를 걸기 위하여 사래(蛇羅)자리를 만들어 놓는다. 일반적으로 선자연은 다른 부재의 치목과는 달리, 지붕 위 현장에서 바로 치목되고, 집 내부에 그대로 노출되어 조금의 오차도 허용되지 않는다. 선자서까래 거는 과정은 선자연을 다듬는 작업부터 매우 까다롭고 처음부터 끝까지 차례로 추녀에 덧붙여 나가는 설치작업도 정확하지 않으면 매우 어렵기 때문에 목수의 숙련된 경험과 솜씨가 발휘되는 부분이기도 하다. 다듬는 일과 설치가 까다롭다는 것은 목재가 섬유질이 많은 질 좋은 소나무가 아니고는 견디기 어렵다는 의미이기도 하다. 재질이 연약하면 다듬는 과정에서 갈라지거나 부러지기 쉬우므로 완성하기가 어렵다. 특히, 선자연 앞의 부분은 둥글지만 주심도리에 놓이는 자리 안통부터는 가늘게 직선으로 다듬어지고 끝부분은 지붕 모서리부분에 모두 모이게 해야 하므로 종잇장처럼 얇아지게 된다. 아주 긴 재목(材木)을 써야 하므로 다 다듬어 놓으면 나룻배의 노와 비슷한 모습이 된다.

선자의 조립순서는 추녀양쪽으로 '갈모산방'이라는 긴 직각삼각형의 부재를 도리위에 고정시킨다. 갈모산방은 처마가 휘어져 올라가도록 선자서까래를 받쳐주어 필요한 처마곡선(조로, 안허리 등)을 만드는 역할을 한다. 갈모산방이 고정되면 추녀 양쪽 옆으로 반쪽으로 켜낸 서까래(일반적으로 목수들은 '짝새'라고 부름)가 밀착되어 이것을 초

1 선자연을 위한 서까래 모양, 앞은 둥글지만 주도리에 놓이는 자리 안통부터는 가늘게 직선으로 다듬어진 모습 마치 나룻배의 노의 모습을 닮았다. 2 추녀를 중심을 양쪽으로 선자서까래를 걸기 위한 준비로 추녀양쪽에 갈모산방과 사래자리가 보인다.

장이라고 부르고, 초장은 추녀와 선자연을 밀착시켜 빈틈이 없게 만들어 준다. 차례로 2장, 3장의 순서로 조립되고 제일 마지막에 설치되는 것을 막장이라 칭한다. 그리고 조립시에는 선자의 측면 추녀방향으로 못을 박아 나가기 때문에, 일반적으로 서까래는 못 한 두 개만 제거하면 해체가 되지만, 선자는 해체가 용이하지 않고 재사용이 어려워 치목시부터 내구성이 있는 좋은 목재를 선택해야만 하는 배려가 있어야 뒷날 보수 공사시에 용이하게 된다. 본 공사에서는 11장을 막장으로 하고 있다. 대규모 공사에서는 15~16장까지 시공하는 경우도 있다고 한다.

지붕을 구성하면서 일정한 간격으로 설치한 통서까래 끝에 평고대를 가로질러 건다. 평고대는 추녀까지 이어진다. 추녀는 든든하고 듬직하게 생긴 재목으로 만든다. 추녀는 중도리와 주심도리에 걸치면서 앞부리는 기둥 밖으로 돌출시킨다. 돌출한 만큼 이 처마의 깊이가 된다. 추녀 각도가 잘못되면 처마 곡선이 시원스럽게 되지 않을 확률이 높아진다.

◎ 지붕곡의 결정과정

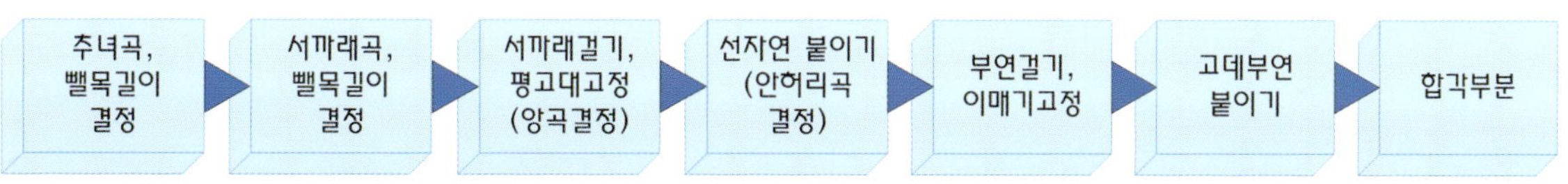

추녀는 운두(나무높이)가 높으므로 서까래만으로는 그 높이를 감당하기 어렵다. 추녀에 잇대면서 선자부위의 처마도리 상부로 긴 삼각형 부재인 '갈모산방'이라는 긴 목침을 박아 괸다. 갈모산방의 크기는 초장부분에서는 추녀곡의 1/2정도로 잡고, 막장부분에서는 서까래곡과 비슷하게 산정한다. 갈모산방 위로 선자를 고정시켜준다. 갈모산방은 서까래의 곡선을 감안하여 추녀와 접합하는 부분은 높게, 반대편은 차츰 가늘게 다듬어 낮은 삼각형처럼 만든다. 갈보산방은 선자의 굽어진 상황을 완화시키는 목적이 되

1 추녀가 일어나는 것을 방지하기 위하여 나사못을 사용한 모습 2 서까래(장연)가 올려진 모습 3 주심도리에 왕찌를 안장삼아 추녀를 건 모습 4 골추녀가 올려진 모습 5 골추녀와 추녀사이의 평고대가 걸려진 모습

기도 하며 선자는 이 갈모산방 부위에서 단면이 사각형으로 치목되어 서까래가 서로 밀착되도록 만든다. 이렇게 해야 통서까래와 막장 높이가 같아지면서 처마 곡선에 무리가 없다. 갈모산방은 추녀가 있는 목조건축이면 당연히 있어야 되는 부재이다. 그리고 겹처마의 경우 추녀에는 사래를 이을 안장을 마련해야하는 배려가 있어야 한다.

처마곡이 심한 경우 평고대(초매기, 이매기 모두) 조로 부분이 많이 휘어지게 되므로 나무가 부러질 염려가 생긴다. 이런 염려를 미연에 방지하기 위하여 평고대 윗부분에 약간의 톱자국을 내어 조로를 잡는데 무리가 없도록 조치하는 경우도 있고(실례 봉정사 요사채 지붕: 사진 6번 참조), 평고대 윗부분에 얹혀지는 연암의 경우에도 같은 곡을 잡기위해 톱자국을 내는 경우가 있다. 일본의 목조건축의 경우 서까래와 부연이 모두 가느다란 사각형으로 촘촘히 거는 경우가 있는데 이는 땅(ㅁ:부연)과 하늘(ㅇ:서까래)의 조화를 어기는 것처럼 보여 보는 사람으로 하여금 믿음직한 모습으로 보여지지 않았다.

6 추녀위 사래 자리와 추녀 좌우로 선자연이 깔려진 모습
7 선자연이 추녀 한쪽에 완성된 모습. 도리위에 선자연을 바치는 긴 삼각형모양의 갈모산방이 보인다.

1 선자연이 걸려 있는 모습(위→아래)과 선자연 끝부분이 한 꼭지점에 모여 있는 모습 2 도리위의 긴 삼각형 부재인 갈모산방과 추녀 그리고 추녀 끝부분에 걸쳐져 있는 평고대의 모습이 보인다 3 추녀에 평고대가 걸쳐져 있고 평고대 밑에 선자연이 가지런히 놓여 있는 모습 4 장연(중도리와 주심도리사이의 서까래)과 중연(중도리와 종중도리사이의 서까래)이 이어진 모습 (최근에는 연침 대신 못으로 서까래를 고정시키고 있다) 5 서까래와 평고대의 위치가 고정되고 서까래위로 개판이 덮어지고 있다. 개판은 서까래와 같은 방향으로 덮어지고 평고대의 홈에 끼워 시공한다. 6 초매기와 이매기 평고대의 조로 부분에 톱질한 부분이 보인다.-봉정사 요사채 7 일본의 경우 서까래와 부연이 모두 사각형으로 촘촘히 깔려 있는 모습을 볼 수 있다.-일본 큐슈 텐만궁 8 겹처마 지붕 부재의 세부명칭-창덕궁 낙선재

부연(附椽, 浮椽, 婦椽, 師椽)걸기와 개판깔기

개판(蓋板)은 서까래와 부연을 걸면 그 사이가 뚫려 있는데 그 곳을 막기 위해 까는 판재를 말한다. 개판을 깔지 않을 경우에는 싸리나무나 옥수숫대 등으로 엮어서 까는데 이것을 '산자'라고 한다. 일반 서민들의 집에는 개판보다는 산자로 하는 경우가 많다. 중국과 일본에서도 서까래와 직각방향으로 까는 것이 보편적이지만 한국에서는 개판을 깔 때 개판의 폭은 서까래와 같은 방향으로 그리고 서까래 간격과 폭이 같은 것을 사용하는 경우가 많다. 그래야 밑에서 보았을 때 깨끗하게 마감된 것처럼 보이기 때문이다. 개판은 개판에 못을 박지 않고 서까래에 못을 박아 고정하는데 반드시 한쪽에만 못질을 한다. 이때 완전히 못을 박지 않고 절반 정도 박고 못을 구부린다. 양쪽에 모두 박을 경우에는 개판의 신축에 대응하지 못해 갈라지기 때문이다. 부연 위에 까는 개판은 서까래의 개판과 구분하기 위해 부연개판이라고 한다.

부연(浮椽)은 겹처마의 경우에 서까래 끝에 방형인 단면의 짧은 서까래를 말하며, 부연을 달면 집의 외형이 날씬하고 힘 있게 보일 뿐 아니라 처마의 하중을 분산시켜주기도 한다. 또한 박공에 흘러내리는 빗물을 막고 또는 그를 장식하여 모양을 낸 것이다. 부연의 길이는 처마서까래 내밀기의 1/3정도로 하는 것이 보통이다. 따라서 도리 또는 출목도리에서 전처마 내밀기의 1/4 정도를 부연 길이로 하는 것이 알맞은 것이다. 부연은 앞내밀기와 처마서까래에 고정하는 뒷길이가 있어야 한다. 뒤끝길이는 처마서까래와 부연의 물매에 따라서 다르게 되지만 앞내밀기의 1.5~2.0배 정도가

◎ 부연에 관한 설화

솜씨가 빼어난 대궐을 짓는데 뽑힌 도편수가 있었다. 그런데 그가 그만 치목을 잘못하여 길게 나와야 할 서까래가 짧아져버렸다. 어찌 할 바를 몰라 고심하고 있던 중 현명한 며느리가 짧은 서까래를 덧달면 어떻겠느냐고 제안했다.
홑처마에 쓰이는 둥근 서까래 끝 위에 평고대를 가로지르고 단면이 네모진 짧은 서까래를 덧대어 겹처마를 만드니 서까래만 얹었던 홑처마보다 더 권위롭고 웅장할 뿐 아니라 네모난 방(方)과 둥근 원(圓)이 잘 조화되어 임금님으로부터 더 크게 칭찬을 듣게 되었다. 위기를 면한 대목은 며느리가 한없이 고마워서 지어미 부(婦)자와 서까래 연(椽)자를 써서 '부연(婦椽)' 이름을 지었다는 설화가 전해지고 있다.

1 부연 평고대에 부연을 고정시키고 그리고 부연과 부연사이에 착고판, 곡척이 보인다. 2 부연평고대→부연→착고판이 시공이 이루어지고 부연개판을 깐 모양 3 사래에 부연 평고대를 건 모습과 선자연에 개판을 깐 모습이 보인다. 4 부연을 걸기 위한 작업, 부연 평고대로 고정시킨 후 본격적으로 부연을 걸기 시작한다. 5 개판 한쪽에만 못을 박고 다른 쪽에는 못을 박지 않고 못을 굽혀 개판을 고정시키고 있다. 6 부연걸이가 완성된 모습

되며 또 뒤끝은 처마물매에 맞게 경사로 절단하므로 긴 재에서 여러 개를 빗 잘라 쓰는 것이 유리하다. 부연을 서까래 위에 걸면 부연과 부연 사이에 수직 홈을 내고 착고판(착고막이: 부연간격을 수직으로 막은 판)이라고 하는 판재로 부연사이에 세워 끼워 부연과 부연사이의 공간을 막는다. 부연 착고판의 두께는 4푼(약1.2㎝) 이상, 보통 6푼(1.8㎝) 정도로 하고 나비는 부연의 춤과 같이 한다. 부연 착고판은 부연에 깊이 3~5푼 정도로 물린다. 착고판 작업이 다 이루어지면 부연개판을 덮는 순서로 이어진다. 위의 경우와 달리 초매기 평고대와 부연 착고판이 서로 다른 나무로 이루어지지 않고 동일한 나무로 이루어진 경우도 있다. 실례로 안동 하회마을의 양진당(보물 306호)과 예천권씨 종가 별당(보물457호)의 경우 착고판과 평고대가 동일한 나무로 이루어져 있다.

서까래 끝부분에 개판대신 싸리나무로 산자를 엮어서 깐 모습이 보인다.(예천 권씨종가 별당 보수 중 촬영)

초매기 평고대와 부연 착고판이 동일한 나무로 이루어진 모습 (예천 권씨 종가 별당 보수 중 촬영)

상량식(上梁式)

한옥 짓는데 빼어 놓을 수 없는 행사가 상량식(上梁式)이다. 일반적으로 상량대(종도리)를 받치는 장여 배바닥에 굵은 글자로 기록한다. 그리고 옛날에는 상량문 형식이 있었다고 하지만 현대에서는 일정한 양식은 없다고 한다. 일반적으로 사용하는 형식은 맨 처음 '龍' 자를 거꾸로 쓰고 '몇 년 몇 월 몇 일 몇 시에 입주상량' 하였다하고 '대주 아무개가 집 좌향을 어찌 잡아 집을 지었으니 조상과 산천은 자손이 번창하고 부귀와 영화가 깃들게 해주소서' 하는 기원을 작을 글자로 두 줄로 나누어 쓴 뒤에 맨 아래에 '귀(龜)' 자를 '용(龍)' 자와 반대방향으로 써서 마감했다. 이외 청룡과 백호를 첨가하는 경우도 있는데, 이때 거북과 용은 수신(水神)으로서, 화재를 피하는 것을 의미한다고 설명되고 있다.

그리고 이러한 상량문에는 여러 이야기(집을 짓게 된 동기, 주변 형국, 집 설계자의 노력, 건축인력의 노력, 건축자재의 수급 등 공사와 관련된 이야기)를 기록 할 수 없어 따로 상량문을 지어 한지에 정성 들여 써서(묵서: 墨書) 대나무 통이나 구리로 만든 통에 넣어 종도리에 홈을 파서 따로 밀봉하기도 한다. 이때 훗날 자손이 집을 수리할 때 쓸 수 있게 상량문 갈피 속에 금은보화 또는 당시에 사용하던 엽전을 넣기도 하기 때문에 창건연대를 알 수 있어 학문적 가치를 증명할 수 있게 된다. 상량대에 먹글씨로 쓰는 것을 상량기문(上樑記文)이라하고, 두루마리 종이에 길게 쓴 글을 상량문이라한다. [우리의 한옥, 신영훈, p.227]

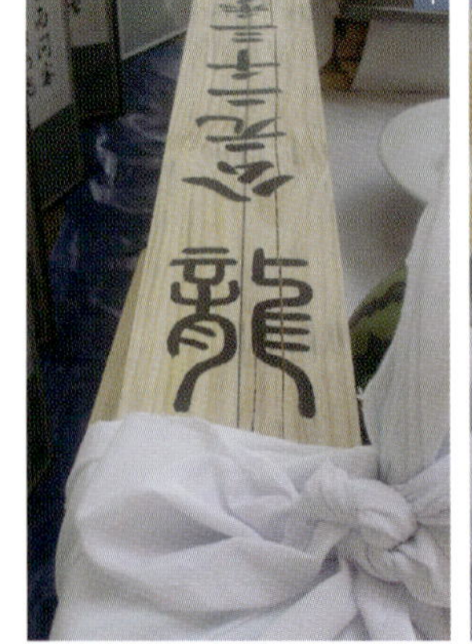

1 상량기문의 '龍' 字가 보임
2 상량기문의 '龜' 字가 보임

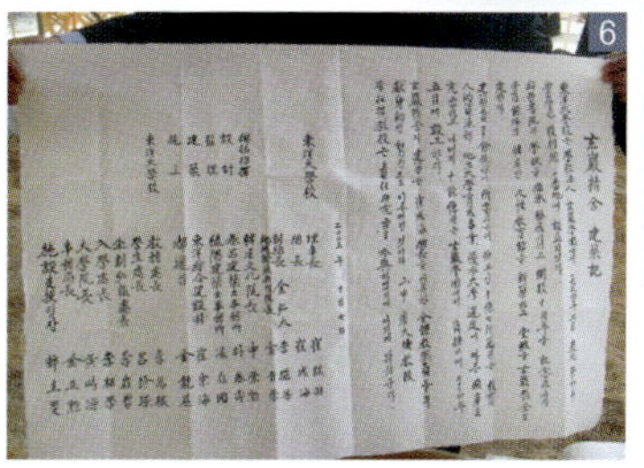

1 상량식제를 올리기 위한 제례를 올리는 모습과 상차림의 모습 2 상량기문-종도리를 받치는 장여의 아랫부분에 상량기문을 쓴다. 3 상량문을 한지로 싸서 종도리를 받치는 장여의 윗부분 홈에 넣는 모습 4 상량식제를 마치고 주인을 마룻대에 태우는 '그네태우기' 모습 5 상량식의 마지막인 장여를 종도리 자리에 올리는 모습 6 한지에 쓰여진 상량문-종도리를 받치는 장여의 윗부분에 홈을 파는 넣는다.

고사가 끝난 후 내륙지방에서는 주인을 마룻대에 태우고 흔드는 소위 '그네 태우기'를 하면서 주인과 축하객들에게 상량채를 요구한다. 마룻대에 포 1필로 양끝을 묶어 보에 걸고 3척 정도 들어올려 그네를 만드는데, 그네를 매는 포 역시 경제력에 따라 광목이나 백목, 베 등이 선택적으로 사용된다. 대목들은 집주인이나 하객들을 그네에 태우고 부귀공명이나 자손번창을 축원하는 덕담으로 상량채를 요구한다. 제주도에서는 '그네 태우기'가 없이 마룻대를 올리면서 돈을 건는다고 한다. [집의 사회사, 강영환 p.187]

이러한 의례와 전축적인 의미를 통하여 알 수 있듯이 마룻대는 주택의 건축부재 중에서 가장 중요한 부재로 인식되어 왔고 이 부재의 설치를 통하여 집이 완성되며, 집이 완성된다는 것은 곧 성주신(가택신 중 가장 우두머리인 성주신을 '상량신'이라 부름)이 탄생한다는 의미를 가지게 되는 것이다. 건물이 하나의 인격체라면 '상량'은 잉태의 과정을 거쳐 탄생하는 순간이다. 비유컨데 어머니인 땅에 생명의 씨가 심어지고(열초: 列礎), 골격이 형성된 후(입주: 立柱), 머리 속에 혼이 불어넣어짐으로써(상량: 上樑) 생명을 갖게 되는 것이다. 즉 마룻대가 얹혀지는 것은 그 인격체가 생명을 얻어 탄생하게 되었음을 알리는 것이다. [집의 사회사, 강영환 p.189] 그리고 상량 1주년이 되는 날에는 인간이 돌잔치를 하듯이 '성주 생일제'라는 의례를 치른다.

玄巖精舍 建築記

東洋大學校는 學校法人 玄巖學園에 依해 1994년 3月 慶北 榮州市 豊基邑 郊村洞 1番地에 設立되었다.

紹修書院의 學脈을 繼承·發展시키고 開校 10周年을 紀念하고자 壹百餘坪의 韓屋인 人性敎育館을 新築하고 堂號를 玄巖精舍로 定한다.

建築費는 20餘億원이 所要되는데 折半인 10億 7阡萬원은 敎育人的資源部 地方大學育成事業 優秀大學 選定에 따른 國庫로 充當하고 나머지 10餘億원은 玄巖學園에서 負擔하여 2004년 5월에 竣工한다.

玄巖精舍의 建築은 崔成海 總長을 비롯한 全體 敎職員들의 獻身的인 努力으로 이루어진 것이다. 그 中 盧大煥 敎授, 黃宗圭 敎授, 李在哲 교수는 責任研究者로 參與하였기에 여기에 밝혀둔다.

2003年 3月 7日

東洋大學校	理事長	崔鉉羽
	總 長	崔成海
	副總長	李道善 金弘大
	地域發展研究院長	金晉榮
總括指揮	韓屋文化院長	申榮勳
設 計	泰昌建築士事務所	朴泰壽
監 理	綠楊建築士事務所	梁在國
建 築	東洋綜合建設(株)	崔宗海
施 工	都 木 手	金龍基

東洋大學校	敎務處長	李萬根
	學生處長	呂珍璟
	企劃弘報處長	李在哲
	入學處長	李相學
	入學院長	黃時源
	事務局長	金正勳
	施設支援팀장	鄭圭燮

1 내림마루 공사와 골추녀의 지붕 공사 모습 2 합각을 차리기 위한 기초로 멍에가 설치된 모습(멍에는 종도리와 추녀에 걸쳐 설치된다) 3 'ㄷ'자로 꺽이는 부분의 골추녀 마루 공사 모습 4 골추녀 회첨의 서까래 모습

내림마루, 골추녀

지붕의 종류는 목구조의 구조형식에 따른 형태와 재료에 따라 분류할 수 있다. 형태에 따른 분류는 크게 맞배지붕, 팔작(합각)지붕, 우진각지붕으로 3종류가 있다. 팔작지붕의 경우에는 조선시대 다포집에서 그리고 부속채보다는 정전건물에 많이 사용되었다. 특히, 현존하는 권위적인 건물의 지붕형태에서 가장 많이 사용하는 지붕형태이기도 하다. 팔작지붕에는 용마루, 내림마루, 추녀마루가 모두 갖추어진 지붕들 중에 가장 화려한 지붕이기도하다. 내림마루는 팔작지붕의 박공이 걸리는 지붕의 양쪽 끝에 생기는 지붕마루를 의미하는 것으로 팔작지붕의 합각부분에서 만들어지는 지붕선이다. 우진각에서는 합각이 생기지 않는다.

재료에 따른 분류에는 기와지붕, 초가지붕, 너와지붕, 굴피지붕 등 여러 가지로 분류할 수 있다. 본 공사에서는 'ㄷ'자 팔작지붕으로 설계되었고 특히 'ㄷ'형태로 꺽여 있는 골추녀 부분의 지붕연결 공사와 합각부분의 내림마루 공사가 10월 8일 이루어졌다. 골추녀는 ㄱ, ㄷ자 평면에서 생기는 것으로, 골추녀 부분에서 좌우 지붕골이 직각으로 합쳐진다. 이를 '회첨(會檐)'이라고 하는데, 여기에는 골추녀를 걸고 서까래를 배치할 때와 좌우지붕의 서까래를 교대로 걸때가 있다. 전자는 경상 · 전라지방에서 많이 쓰이고, 후자는 중부지방에 잘 쓰인다. 좌 · 우 지붕골이 만나는 처마 끝에는 삼각형 부재로 마무리하는데, 이를 '고삽'(본 공사에서 사용된 고삽의 크기는 한 변이 45㎝인 이등변 삼각형)이라 한다. 합각 차릴 바탕이 완성되면 박공널(朴工板)을 설치할 수 있게 멍에를 먼저 결구시킨다. 박공널은 판자로 만드는데 폭이 넓고 길이도 길어서 두꺼운 멍에 나무에 단단히 결구시키지 않으면 세월이 흐르면서 트거나 휘거나 뒤틀림 염려가 있다. 그래서 멍에를 종도리와 추녀에 걸치도록 고정시키면 견고하게 결구되어 아주 좋다.

누리게, 덧서까래, 합각 작업

우리나라 전통지붕의 시공은 부연개판 시공이 완료되면 적심과 보토(흙)를 얹고 기와를 까는 순서대로 이루어졌다. 이때 적심은 개판과 직각방향인 수평으로 놓게 된다. 이는 단열재 역할과 지붕전체 및 부연에게 하중을 실어 지붕에 사용된 서까래 및 부연 등이 지렛대 원리에 의해 일어나는 것을 방지하는 목적도 있다. 그러나 이러한 자체하중(DEAD LOAD)부담과 눈, 비에 의해 적재하중(LIVE LODE)이 가해짐으로써 지붕전체에 무리가 가는 경우와 개판을 누르는 흙(보토)과 개판이 직접 만나게 됨으로써 개판나무자체가 썩는 경우가 많아 지붕의 수명을 단축시키는 경우 등이 있었다. 또한 지붕에 많은 하중이 실리기 때문에 서까래에 비례하여 도리와 기둥을 든든한 것으로 사용해야만 했다.

최근에는 이러한 방식이 아닌 개판 위에 종도리에서 부연 뒷덜미에 사용된 느리게 목침까지 이르는 긴 목재(덧서까래)를 한번 더 걸고, 덧개판을 한번 더 깔고 보토를 얹어 덧서까래와 최초개판과 사이에 가벼운 단열재를 넣기도 한다. 이렇게 함으로써 보토의 양도 줄이고 지붕 전체의 하중을 줄이면서 기와를 이을 수 있는 지붕물매가 잡혀진다. 보토의 경우 전통적인 방식으로 하는 경우 보토의 두께가 성인 무릎까지의 두께(본 공사의 와공에 의하면 경복궁 경회루의 보토가 성인 무릎까지 이른다고 함)로 사용되는 경우도 있다고 한다. 부연 뒷덜미에 사용된 느리게 목침의 역할은 부연이 서까래에서 캔틸레버 형식으로 처마 밖으로 많이 나가고 여기에 기와 하중까지 실림으로써 앞쪽으로 하중이 전달되어 부연 뒷덜미가 지렛대의 원리에 의해 일어나는 경우가 생기는 것을 방지하고 여기에 덧서까래의 목침 역할까지 함으로써 이중으로 하중을 실어 부연의 부실함을 방지하는 역할을 하게 된다. 박공(朴工)은 팔작지붕의 합각부분에 'ㅅ'자 모양으로 걸린 판재를 말한다. 합각의 위치결정은 종도리의 길이에 의해 결정된다. 즉 종도리 길이가 길면 합각판이 처마선 쪽으로 나와 합각이 크기가 커질 것이며, 종도리가 좁으면 처마선으로부터 멀어져 합각판이 작아질 것이다. 합각이 집의 규모에 비해 너무 작아도 집이 옹색해 보이기 때문에 집의 규모에 맞게 합각의 크기도 결정되어야 한다. 합각에 붙이는 박공(합각판)의 기능은 덧도리 말구에 부착하여 도리를 가려주고 목기연이 올라가는 바탕이 되는 부재이다. 두 박공이 만나는 용마루 부분에는 박공을 긴결하는 철물이 있는데, 이를 '꺽쇠'라고 한다. 또한 합각판에 보이는 종도리를 감추기 위하여 '현어'를 사용하기도 한다.

위의 작업과 동시에 '목재 닦아내기 작업(탈색작업)'이 이루어졌는데, 본 공사에서의 탈색작업 기간은 약 5일정도로 예정되어있다. 탈색작업의 목적은 목재에 벌레, 청 등을 방지하기 위하여 방부처리를 해야 하는데, 이 방부처리가 효과적으로 이루어지기 위해 방부처리를 하기 전에 기존 목재에 묻어있는 여러 때(청: 일종의 나무 곰팡이)를 닦아내는 작업이 선행된다. 한옥에 사용하는 재료자체가 모두 자연적인 재료인 이유에서 세월이 지남에 따라 나타나는 피할 수 없는 현상이라 할 수 있다.

도시 한옥에서는 처마 구성에서 부연을 사용하는 경우가 많다. 부연사용의 미적효과 외에는 구조적인 의미를 찾는다면 장대한 처마 서까래를 사용하지 않으면서도 처마를 깊게 만들려는 의도인 것으로도 볼 수 있다. 처마의 구성에서 부연이 사용될 경우에는 서까래와 부연이 노출되는 비례를 설정해야 하는 문제가 따른다. 주택에서는 통사적으로 처마깊이의 2/3는 서까래이고 1/3은 부연이 차지하게 되는데, 서까래의 길이는 2/3보다 약간 길게 되는 경향이 있다. 이 점은 설계시에는 처마깊이를 수평 길이로 치수계획을 하지만 시공시에는 서까래의 실제 길이를 척 수로 맞추어 설치하므로 서까래 시장이 척 수로 정리되면서 생겨나는 편차로 해석할 수 있다. 결과적으로 처마깊이가 4자일 경우 서까래는 2.7자에, 부연이 1.3자 정도로 형성되는 것이다.

부연의 물매는 서까래보다 낮게 잡으며 처마 서까래의 물매가 4치 물매로 사용되면 부연은 2.5치 내지 3치 물매가 사용되어 동일한 처마깊이에서는 서까래만 사용된 처마

1 목기연이 설치되지 않은 모습
2 목기연이 설치된 합각부분

보다는 부연이 사용된 겹처마가 처마 끝이 높아진다.[건축과 환경, 1993. 5, p.97]

적심이 올려진 지붕(토수를 꽂기 위한 사래의 끝부분)–창덕궁

박공널(합각판)설치가 끝나면 '목기연(木只椽)' 거는 작업을 한다. 목기연은 박공판 위로 얹는 기와지붕 합각마루와 그 구조물을 떠받치는 선반 구실을 하게 배려한 시설의 지붕 골격이다. 목기연은 부연 모양으로 다듬되 크기는 조금 작게 한다. 설치할 때 박공판과 높이를 맞추기 위해 적심목을 단단히 박는다. 뒤끝은 박공 옆의 서까래 또는 종심누리개에 못박아 고정시킨다. 앞쪽에는 얇은 널판지로 횡개판이 되게 덮는다. 이 개판을 '너새' 또는 '너새판'이라 한다.

부연 및 각종 누리게 작업과 덧서까래(덧시걸이) 공사가 마무리되면 목공들이 지붕구조에서 해야 할 작업이 마무리된다. 이후의 지붕작업은 와공(瓦工)들에 의해 기와를 올릴 수 있는 물매들이 조정되고 방수포 깔기 부토, 적심 작업들이 이루어진다.

덧서까래 대신 적심이 올려진 지붕면-창덕궁

합각부분의 보수 장면-창덕궁

1 박공판이 만나는 종도리에서 동자주를 내리고 동자주밑 부분에 누리게가 선자연을 눌려주고 있다. 합각판은 폭이 1자7치(약51㎝)로 넓은 편이다. 2 덧서까래를 걸고 있는 모습, 지붕전체의 하중을 가볍게 하기 위한 시공방법으로 최초개판과의 사이공간이 보인다.
3 목재에 방부처리하기 전에 목재에 묻어있는 때 등을 깨끗이 처리하는 모습 (탈색작업)
4 덧서까래 걸기가 완성되어가는 모습과 덧도리가 용마루부분에 올려진 모습이 보인다.
5 부연의 하중이 앞으로 실리는 것을 방지하기 위하여 부연 뒷덜미에 사용된 누리게 목재
6 목기연, 너새개판, 그리고 덧서까래가 걸린 모습

주요용어정리

▌지붕의 종류

일반적으로 기와지붕 구성의 기본형을 맞배지붕, 팔작지붕, 우진각지붕, 이외 여러 형태의 지붕으로 구분하는데, 이들 지붕은 기능적인 고려와 집의 격조와 시대에 따라 발전되고 변모되어 왔고, 이들 중에 어느 지붕이 더 격조 높은 것이고 어느 것이 격조가 떨어지는 모양이라고 쉽게 단정지어 말하기는 어렵다.

팔작지붕-부석사 무량수전

맞배지붕-부석사 조사당

우진각지붕-남대문

사각형 지붕-북경 자금성

6각형 지붕-경복궁 향원정

원뿔형태의 지붕-북경의 천단

▌서까래(椽木)의 종류, 크기, 배치간격

◎ 서까래의 종류

· 처마서까래(檐下椽) : 처마도리와 중도리에 걸쳐대어 처마도리 바깥으로 길게 내민 서까래로 가장 길게 쓰이는 것은 장연(長椽)이라고도 한다.

· 면서까래(面椽) 또는 평연(平椽) : 일반 처마면에 사용하는 서까래

· 중연(中椽) : 중도리와 종중도리에 건 서까래(7량집 이상에 사용되는 서까래)

· 동연(棟椽) 또는 상연(上椽) : 마룻대(종도리)와 중도리에 걸쳐지는 서까래로 가장 짧게 쓰이므로 단연(短椽)이라고도 한다.

맞배지붕은 평연(건물 중앙부에 걸쳐지는 서까래)만으로, 모임지붕은 선자연만으로, 팔작지붕은 평연과 선자연으로 구성된다.

긴 장연과 장연위의 짧은 중연이 보이고 종도리와 중상도리의 서까래 동연은 설치하니 않은 모습

◎ 서까래(椽木)의 크기 및 배치간격

영조법식(營造法式)에서는 건물의 규모와 가구법에 따라서 서까래의 직경을 정하고 다시 이 서까래의 직경을 기준으로 서까래의 처마 내밀기의 길이와 부연의 길이를 규정하고 있다. 그러나 「중국〈營造法式〉을 토대로 한 한국 목조건물의 처마분석에 관한 연구」[석사, 순천대, 김태곤, 2003. 6]에 의하면 우리나라 목조건축물의 경우 위의 규정에 따른 일정한 규칙성이 발견되지 않는다고 기술하고 있다.

◎ 귀서까래[그림참조:김왕직, 한국건축용어, 발언 P.117]

· 선자서까래(扇子椽) : 추녀 옆면 한 점에서 방사형으로 배치한 것

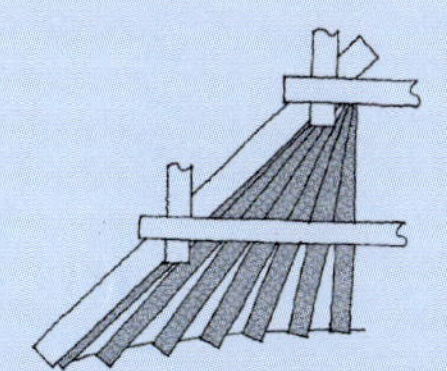

선자연 서까래 깔기(본 공사)

· 마족서까래(馬足椽) : 추녀의 연장선상의 한점에서 방사형으로 배치하되 추녀면에 말굽모양의 타원형으로 붙게 되는 귀서까래

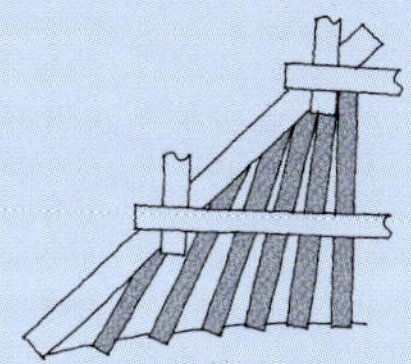

마족연 서까래 깔기

· 평연(平椽) : 추녀와 관계없이 면서까래에 평행으로 건 서까래로서 우리나라에서 사례를 찾아보기 힘들다. (사례: 일본 큐슈의 텐만궁의 지붕 일부)

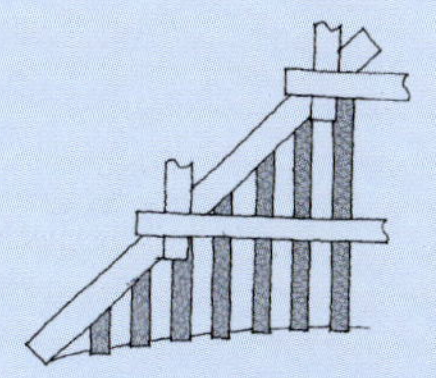

평연 서까래 깔기(일본 사례)

도리의 종류, 배치, 위치

◎ 도리(道理)의 종류

도리는 보에 직각방향으로 지붕틀 위에 걸어 서까래를 받는 구조부재로 처마가 되는 곳에 있는 것을 처마도리(檐下道理, 檐下道理)라 하고 지붕마루에 있는 것을 종도리(宗道理) 또는 마룻도리, 마룻대라 한다. 바깥기둥(外陣柱)의 바로 위에 있는 처마도리를 주심도리(柱心道理) 또는 주심처마도리(柱心檐下道理)라 하며, 처마도리와 종도리 사이에 있는 도리를 중도리(中道理)라 한다. 중도리가 상하로 여러개 있을 때는 상중도리(上中道理), 중중도리(中中道理), 하중도리(下中道理) 등으로 구분한다.[한국건축대계, 목조, 보성각, 장기인, p.281]

◎ 도리(道理)의 배치

일반적으로 목공사의 도리의 배치하는 방법으로는 삼분변작법과 사분변작법을 사용하였다고 한다. 이것은 가장 일반적이라고 할 수 있는 5량가구의 경우에 적용되는 경우이다.

· 삼분 변작법 : 건물의 전 · 후면을 가로지르

는 대들보를 삼등분하는 지점에 동자주를 세워 상부의 중도리를 지지하도록 하는 방법

· 사분 변작법 : 건물의 전 · 후면을 가로지르는 대들보를 사등분하는 지점에 동자주를 세워 상부의 중도리를 지지하도록 하는 방법

◎ 도리(道理)의 위치

영조법식의 거절지제(擧折之制)는 지붕의 높이와 지붕선의 물매를 잡는 방법을 해설한 부분이다. 지붕의 높이와 물매는 먼저 도리의 높이를 정하는 것으로부터 시작하는데, 맨 위의 종도리의 높이를 정하고 이에 따라 여러 중도리들의 높이를 정하는 방법으로 하고 있다. 이러한 거절법(擧折法)은 다시 거옥법(擧屋法)과 절옥법(折屋法)으로 나뉜다.

· 거옥법(擧屋法) : 건물의 종단면상에서 건물 전후의 수평거리를 기준으로 하여 종도리의 수직 높이를 결정하는 방법

· 절옥법(折屋法) : 거옥에 따라 정해진 종도리의 높이를 기준으로 해서 종도리 아래에 위치한 각 중도리들의 수직높이를 정하는 방법

보아지(梁奉), 단여(短欐), 장여(長舌)

◎ 보아지

보와 기둥의 맞춤새를 보강하는 것으로 익공계의 공포에서는 초익공이나 이익공 쇠서가 안으로 뻗어 보 밑을 받치게 되는 것이다.

종보와 중상도리의 맞춤에 동자주에 보아지를 보강하여 받치고 있는 모양

기둥위의 익공과 주두 그리고 창방이 결구된 모습

◎ 단여

기둥 위쪽 도리 밑이나 장여 밑을 받치는 짧은 가로재로서 기둥 · 보와의 도리 맞춤 · 이음을 보강하는 것이다. 또 단여는 단장여(短長欐)를 뜻하기도 한다.

보아지와 단여는 장식으로 되기도 하지만 주두나 소로 받침은 하지 아니하는 집에도 쓰이며 기둥에 물리고 보 밑이나 도리 밑에 대어 보강재로 쓰이는 것이다. 도리 밑에 장여가 받칠 때에는 단여를 댈 필요는 없다(본 공사 동자주에서는 장여를 받치고 있음-사진 참고) 장여나 단여의 밑면은 동일 수평면상에 있게 한다. 다만 보 밑면과 도리 밑면에 고저차가 클 때에는 보아지를 약간 낮추기도 한다. [한국건축대계, 목조, 보성각, 장기인, p.220]

◎ 장여

장여의 폭은 보통 집을 짓는 데의 기본 단위가 된다. 폭이 갖는 수치는 구고현법(句股弦法)에 따라 직각삼각형의 밑변이 된다. 그리고 그 밑변의 수치에 따라 이루어지는 직각삼각형의 빗변의 길이가 보통 장여의 운두가 되는 것이다. 반드시 도리 밑에 있는 것으로 따

로 걸리는 경우는 거의 없다. 장여는 주(심) 도리 뿐만 아니라 중도리, 종도리에도 첨가되는데, 이는 도리의 인장력(引張力)을 높여줄 뿐 아니라 도리의 이음 부분을 떠받아 주는 역할도 아울러 하기 때문이다.

부석사 조사당-외목도리 밑 부분에 도리길이와 같은 통장여가 보인다. 외목도리 부분에 순각반자*가 보임

부석사 조사당-외목도리 밑 부분에 도리길이와 같은 통장여가 보인다. 외목도리 부분에 순각반자가 보임

* 순각반자(巡閣盤子, 楯角班子)는 각 출목되리, 장여 상호간 또는 주심도리, 장여 사이를 출목첨차 위쪽에 막아댄 반자이다.

추녀곡, 서까래곡, 지붕곡(앙곡과 안허리곡)

◎ 추녀곡

추녀곡은 추녀 끝과 내목 왕찌도리를 이은 선에 외목왕찌 중심에서 내린 수선의 길이이다. 추녀곡은 추녀의 휘어진 정도로, 추녀의 곡과 길이는 귀처마의 곡선형태에 절대적인 영향을 미친다. 네 모퉁이 모두 같은 형태의 추녀 부재를 구하는 것은 불가능하지만, 모양이 다르더라도 추녀곡과 외목길이가 같은 부재를 사용해야 사면의 지붕곡이 일정한 형태로 만들어 만들어진다. 추녀의 길이는 추녀외목길이, 추녀 내목길이, 뒤초리가 되며, 이때 뒤초리는 띠철 등으로 추녀를 고정시킬 때 필요한 부분으로 보통 1자 이상을 남겨둔다. 그리고 일반적으로 추녀곡은 20평 이하 집에서 1.3~1.4자, 30~50평집에서는 1.5~1.6자, 100평집 이상에서는 2.3자곡을 사용한다. 추녀곡이 세지면, 귀서까래곡도 세지고, 서까래곡도 세진다. 곡이 센 서까래, 즉 높은 번호 서까래가 많이 사용된다.

◎ 서까래곡[사진과 그림: 건축설계(격월간지), 1993, 10,11월호]

서까래 매기기는 서까래가 걸리는 위치에 상응하는 서까래 곡을 결정하는 작업이다. 이 작업에 특수하게 제작된 '좌판'이 사용되는데, 좌판에 서까래 부재를 정해진 내목위치와 외목위치에 맞추어 놓고, 외목에서 서까래 마구리면까지의 곡을 매긴다. 이것을 '서까래의 나이'라하고 번호가 클수록 서까래의 곳이 커지고 더 많이 휘게 된다. 각 번호 사이의 간격은 좌판에서 2푼씩 차이가 난다. 좌판을 이용하여 치목하면, 서까래 마구리면의 각도가 일정한 각도로 깍이는데, 이것은 서까래가 지붕에 걸렸을 때 하나의 완만한 곡선으로 보이게 하기 위함이다. 좌판의 각도는 1/10을 주로 사용하지만 집의 규모에 따른 서까래의 굵기, 크기에 따라 좌판의 각도가 달라지기도 한다. '0'번 서까래는 전후면 지붕처마의 한가운데 걸리고 좌우로 1, 2, 3, 4번 순으로 선자서까래 전(중도리 중심)까지 걸리게 된다.

서까래좌판에 서까래를 넣고 서까래의 들림 정도를 보고 있다.

눈금판의 눈금을 읽기위해 직각자를 대고 높이를 보고 있다.

아래 그림은 연목자판의 눈금간격을 나타내는 것으로 건물의 중앙에서 선자연이 걸리는데 까지의 서까래 간격에 따른 들림의 정도가 곧 눈금간격이 된다. 예로 서까래가 그림과 같이 10장 걸리고 지붕곡선이 그림과 같은 2차 곡선이라면 서까래와 지붕곡선이 만나는 점에서 옆으로 연장선을 그리면 바로 서까래의 들림 높이가 되고 곧 그 높이가 눈금이 되는 것이다.

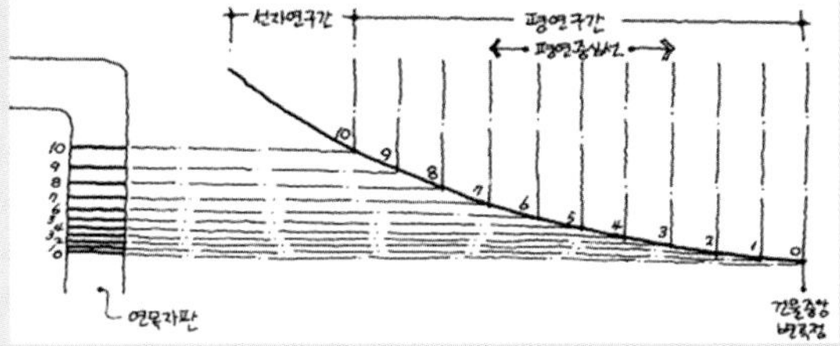

◎ 지붕곡-앙곡과 안허리곡

현장의 목수들은 곡이 잘 잡힌 집을 '널너리 기와집', '고래등 같은 기와집', '곡이 세다', '곡을 쳐들다', '곡을 세운다' 등의 표현을 사용한다. 한편 곡이 잘 잡히지 못한 집을 '집이 죽어있다', '집이 쳐졌다', '곡이 얕다' 고 말한다. 이러한 표현들은 지붕을 집의 한 부분으로 여겼다기보다는 '집' 그 자체를 간주하였음을 보여주는 좋은 예이다.

지붕곡은 앙곡과 안허리곡이 함께 나타나는 3차원 공간적 곡선으로 나타난다. 앙곡은 입면상에서 귀처마가 면처마보다 휘어 오른 것이고, 안허리곡은 평면상으로 귀처마가 면처마보다 휘어내민 것을 말한다.

목가구 건축에 사용하는 연장

연장은 대목용 연장과 소목용 연장이 있으며 대목용 연장은 대재(大材)를 다루는 것으로 비교적 크며 소목용 연장은 소재(小材)를 다루어야 하므로 작은편이며 대목 연장의 종류는 약 20종 정도, 소목의 연장은 약 30종 정도이다. 그러나 최근에는 전기톱이나 전기대패 등 개량된 연장을 많이 사용하여 공사 진행 속도가 빨라지고 있다. 이 책에서는 대표적인 연장만 소개하기로 한다.

◎ 곡척(曲尺) : 곡척은 ㄱ자형의 자로 나비 5푼 두께 약 5리, 한변 길이 1.7자 정도, 단변 길이 8치 6푼 정도로 치수와 직각을 내고 평행선을 그리는데 편리하게 되어 있다. 예전에는 철제 또는 황동제 였으나 지금은 스테인레스 스틸제가 쓰인다.

◎ 연귀자(燕口尺) : 연귀판이라고도 하며 45° 또는 임의의 각도로 만들어 연귀선을 그리는 것으로 얇은 널재를 45° 또는 임의의 각도로 만들어 그 양옆에 두꺼운 태를 대어 기준이 되게 한다.

◎ 촌목(寸木) : 여러 재에 동일 치수 또는 평행금을 긋거나 얇은 널을 일정한 나비로 쪼개는데 사용하는 연장으로 작은 널판에 축대를 끼우고 그 끝에 바늘 또는 좁은 날을 박아서 금을 긋거나 여러번 그어서 널을 쪼갠다.

◎ 먹통(墨筒) : 먹물통과 먹줄감개를 장치하여 먹줄치기 · 먹매김에 쓰이는 연장으로 때로는 실을 매어서 다림을 보는데 쓰기도 한다. 먹물통에는 솜을 잘게 썰어 넣거나 섬유소를 넣어서 먹물에 젖어 있게 한다.

◎ 자귀 : 용도에 따라 큰 자귀(선자귀)와 작은자귀(손자귀)로 대별한다. 선자귀는 치목하는데 중요한 목수연장이며 옛 목수는 이에 능숙하게 사용한다.

이외에도 끌, 대패(변탕, 개당, 쇠시리 대패 등) 송곳, 망치, 집게, 배척, 줄, 칼 등이 있다. [한국건축대계V-목조, 보성각, 장기인, p.107~117]

대목연장인 자귀로 대목을 치목하는 모습

당길손이 붙어있는 대패

큰 치수에 금 긋기에 사용하는 촌목(목수들은 개배끼라고 함)

곡척으로 곡면을 치목할 때도 사용한다.

45°/90°를 각도측정과 수준기가 붙어있는 현대식 연귀자

현대식 먹통의 모습

도참사상

도참사상은 음양오행설에 기초를 둔 것으로 풍수지리설과 결합하면서 조선시대 정치, 경제, 사회 및 일반생활에 이르기까지 커다란 영향을 미쳤다. 한옥과 관련해서는 가정을 지켜준다는 다양한 가택신(家宅神)들을 들 수 있다. 일반적으로 집에는 사람 뿐 아니라 사람을 지키는 신들이 살고 있다고 믿었는데, 지역에 따라 그 명칭에 차이는 있지만 대청의 성주신을 우두머리로 하여 안방의 삼신, 부엌의 조왕신, 외양간의 마대지신, 도장(고방)의 도장지신, 변소의 측신(厠神), 대문의 구틀지신, 마당의 노적지신, 장독대의 장독지신, 우물의 용왕신 등이 있다고 믿었다. 이러한 가택신은 일정한 건물이나 공간에 거처하며 각각의 역할을 가지고 있는데, 이들이 가족과 가문으로서의 집을 보호하고 그들의 길흉화복을 관장한다고 믿었기 때문에 주기적으로 의례의 대상이 되었다고 한다. 이중 대들보를 올리는 상량식의 경우에 제(際)를 올리는 것 역시 가택신 중 가장 우두머리인 성주신의 탄생을 의미하는 것이다. [우리의 옛집 이야기, 열화당, 1999, 박영순 외 7인, P.27]

상량문 발견 사례

봉정사(鳳停寺: 경북 안동) 극락적은 고려시대 목조건축으로 양식적인 면에서 부석사 무량수전(浮石寺 無量壽殿: 경북 영주)보다 앞설 가능성이 있어 학계에 비상한 주목을 받아오던 중, 건물 수리 공사시(1972년 8월 14일) 마루도리 받침 장혀(長舌)에 파서 넣은 한지에 쓴 상량문(上梁文)을 발견하였는데, 이에 의하면 천계(天啓) 5년, 조선(朝鮮) 인조(仁祖) 3년(1625)에 중수(重修)되었으며 그 이전 지정(至正) 23년, 고려(高麗) 공민왕(恭愍王) 12년(1363)에도 옥개(屋蓋)부분을 크게 수리한 사실이 밝혀졌다. 옥개부분을 크게 수리하

기까지 통상적인 예로 미루어 볼때 대략 100~150년이 지나야 하므로 지정(至正) 23년 보다 100~150년이 앞선 1200년대 초까지로 건립연대를 올려 볼 수 있게 되어 홍부(洪武) 9년(1376)에 중수된 부석사 무량수전보다 봉정사 극락전이 앞서 건립된 사실을 알게 되었다. [봉정사 극락전 수리 공사 보고서, 문화재연구소, 1992]

회첨(會檐)부와 고삽

◎ ㄱ, ㄷ자 평면의 목구조 건물에서 지붕골의 좌 · 우가 합쳐지는 부분을 회첨이라 한다.

◎ 골추녀를 거는 경우는 경상도 · 전라도의 남부지방에서 주로 사용하고, 이외의 경우는 중부지방에서 주로 사용한다.

본 공사에서는 회첨부에 골추녀를 사용하여 공사를 하였다.

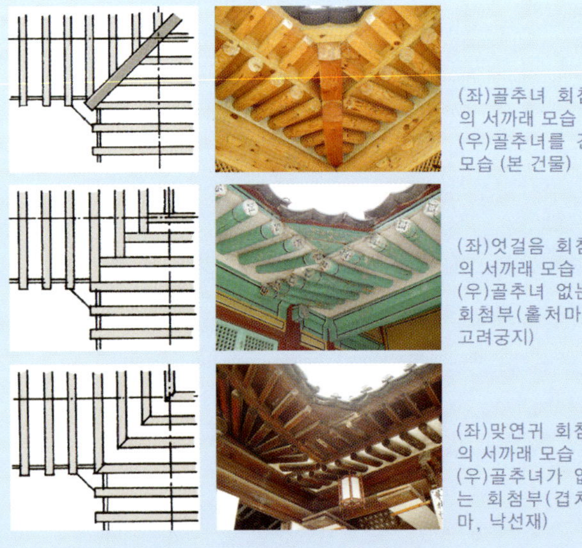

(좌)골추녀 회첨의 서까래 모습 (우)골추녀를 건 모습 (본 건물)

(좌)엇걸음 회첨의 서까래 모습 (우)골추녀 없는 회첨부(홑처마, 고려궁지)

(좌)맞연귀 회첨의 서까래 모습 (우)골추녀가 없는 회첨부(겹처마, 낙선재)

목재 접합-이음 · 맞춤 · 쪽매

◎ 이음 : 길이방향으로 두 재(材)를 이어(180°) 접합하는 것으로 도리를 이을때 사용

◎ 맞춤 : 두 재가 서로 직교 또는 경사각(30°, 45° 90° 등)으로 접합하는 것으로 도리와 도리 또는 기둥과 보의 결구 등에 사용

◎ 쪽매 : 두 재를 섬유 방향으로 평행하게 옆 대어 붙이는 것으로 마루 공사에 주로 사용

이음자리, 맞춤자리 등을 이음새, 맞춤새라고도 하며 이를 통틀어 목재접합이라 한다.

4 지붕 및 기와 공사

지붕 공사

덧서까래 및 적심(積心)

10월 10일부터 시작한 건축물 내부의 상·하인방의 설치 작업이 약 10일간의 작업으로 대부분 끝이 났다. 이어 덧서까래의 개판 덮기 작업과 덧서까래 및 개판, 즉 기와가 덮힘으로써 감춰지는 부분까지 방부제(팀볼락) 뿌리기 작업이 이어졌다. 방부제 자체의 냄새와 유독함으로 인하여 덧서까래의 개판 덮기 작업은 잠시 중지되었고, 방부제 작업이 끝난 후에야 덧서까래와 덧서까래 개판덮기 작업이 이루어졌다.

앞에서도 기술한 바가 있었지만 옛날 방식은 최초 서까래 위에 개판 대신 산자를 산자새끼로 엮어놓고 산자 위에 적심 및 누리게로 누르고 기와를 올리기 위한 보토(補土, 알매흙) 작업이 이루어졌다. 산자(散子, 橵子)의 재료는 가는 나무오리, 싸리나무, 갈대, 가는 장작 따위를 새끼로 엮어 놓은 것으로 가늘고 길며, 잘 썩지 아니하는 것이 좋고 치받이 흙이 잘 붙는 것이라면 더욱 좋다. 겨릅대, 수수깡 등은 잘 썩거나 삭아서 부러지기 쉬우니까 초가집 등에 쓰인다. 산자를 엮는 새끼를 산자새끼 또는 산내끼(방언)라 하며 보통 짚을 가늘게 꼬아 쓴다. 그 지름은 보통 새끼(지름9~15㎜)보다 가는 새끼로 지름은 6~9㎜, 보통7.5㎜정도이다. 새끼 대신에 칡덩굴나무, 등나무의 덩굴을 그늘에 말리어 느긋해진 것을 쓰기도 하였다.

적심도 산자를 엮은 위에 위치 시켜야 치받이흙을 바르기 쉽다. 이때 보토는 지붕에서 어느 정도의 하중을 아래방향으로 전달함으로써 주초 위에 올려진 목구조 전체 구조물에 안정감을 줄 뿐 아니라 기와를 얹기 위한 물매를 잡아주고 기와의 접착력을 높여 주었다고 한다.

그러나 이런 방식은 엄청난 보토의 무게로 인하여 지붕 아래방향으로 굉장한 하중을 가함으로써 기둥 등에 무리를 주게 된다. 이런 하중을 줄이기 위하여 덧서까래를 최초 개판위에 걸고 덧서까래 개판을 덮어 어느 정도의 지붕무게를 줄이고 기와를 올리기 위한 지붕 물매를 맞추는 역할을 하는 방식이 사용된다. 본 공사에서도 후자의 방식으로 이루어졌다.

경복궁 태원전 지붕 보수 공사-대나무산자와 새끼

경복궁내 보수건물-산자 사이로 알매흙이 보임

오후쯤에는 개판 위에 올릴 적심(積心)이 현장에 도착했다. 적심은 처마서까래와 동연(棟椽: 종도리와 종중도리에 걸리는 서까래)이 이어지는 부분에 알매흙이나 부토가 상당히 두껍게 덮어야 기와와의 물매를 잡을 수 있기 때문에 이것을 채우는 잡재(雜材)를 말한다. 실례로 경복궁 경회루의 적심재의 두께는 1.5자(약 45㎝)이상으로 위쪽에는 굵은 장작, 죽더기 등을 겹겹이 포개 쌓고 있다. 적심재 위에 알매흙 또는 부토를 깔고 기와를 이으니까 이것은 기와사이로 비가 새어 들어와도 서까래가 썩는 것을 느리게 하는 효과도 있을 것 같다. 그러나 본 공사에서는 덧서까래 개판을 사용하여 적심재 역할인 물매를 잡았기 때문에 경복궁과 같이 덧서까래를 사용하지 않은 경우와 달리 많은 적심재가 필요치 않았다. 단지 개판위에 보토작업을 직접하는 경우 보토가 흘러내리는 경우가 생김으로써 이를 방지하는 차원에서 적심을 올렸다. 여기에 사용될 보토는 강회와 섞음으로써 기와와의 점착 뿐 아니라 시간이 흐른 뒤 부토가 굳기 시작함으로써 비샘

1 서까래 위에 덧서까래를 건 모습
2 횡(橫)으로 까는 덧서까래 개판
3 방부제(팀볼락)를 점검하는 모습
4 적심으로 사용할 잡목들
5 목기연 위에 누리개(적심)들이 보임
6 최초서까래 개판과 덧서까래 사이에 빈공간이 보임

등을 방지할 수 있다.[목조, 보성각, 장기인, p.324]

ㄷ자 평면 중 양쪽 합각에는 종심목(宗心木)이 올려졌다. 종심목의 역할은 지붕마루에서 전후지붕의 서까래가 교차되는 부분에 가로놓이는 부재로서 양쪽 서까래(椽橡)를 고정시키고 지붕마루를 쌓는 바탕이 되는 것이다. 일반적으로 서까래 정도의 통나무를 쓰는 경우가 많지만 본 공사에서는 서까래(Ø6치: 18㎝)의 약 1.5배(Ø9치: 27㎝)를 사용하고 있다.

주심도리 위에 서까래가 올려지고 서까래 위를 개판으로 덮으면 주심도리 위의 서까

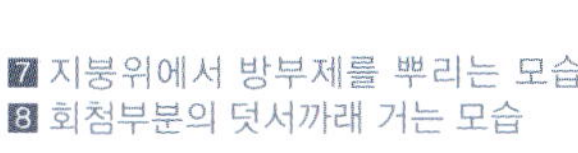

7 지붕위에서 방부제를 뿌리는 모습
8 회첨부분의 덧서까래 거는 모습

1 도리와 서까래 사이를 막기위한 1/3의 암키와 2 와편으로 도리와 서까래사이를 메운 모습 3 강회로 당골막이 하는 모습 4 당골막이를 마무리하는 모습 5 서까래와 종도리사이를 와적으로 막고 있는 모습

래와 서까래 사이는 빈 공간으로 남게 된다. 이 빈 공간을 흙으로 막는 것을 '당골막이'라 한다. 당골막이 공사는 건축물 사방을 돌아가면서 이루어지게 되는데 맨 처음에는 강회로 빈공간을 막고 다음으로 회(회+모래 등의 혼합)로 마감을 한 후 주변으로 삐져나간 마감을 정리하는 순으로 이루어진다. 부연이나 네모서까래 사이에는 널로 막아댈 때도 있다.

지붕 방수작업

어제부터 이루어진 덧서까래 개판 덮기 작업이 오늘 오전 작업으로 완료되었다. 완료된 덧서까래 개판은 기와를 이을 바닥이 되므로 개판 위에 이중으로 방수층을 형성할 방수포를 덮어씌우는 작업이 오후에 시작되었다. 방수층 작업의 순서는 먼저 아스팔트 프라이머를 바른 후 방수 시트를 프라이머 위에 깔고 가운데자리 접착부분을 이용하여 아래 위트와 위의 시트를 접착 또는 못을 막은 후 각재 졸대를 박는 순서로 이루어진다.

여기에서 사용한 졸대는 단순히 시트의 접착 부분을 단단히 잡아주는 역할도 하지만 기와 작업시 인부들이 지붕경사에 발을 고정할 수 있도록 사용되기도 하고 작업장비가 미끄러지지 않게 고정하는 역할도 한다. 대규모 기와 공사 및 경사가 심한 지붕에서 기

1 루핑 작업을 위한 방수 시트 2 아스팔트 프라이머를 바르는모습(졸대에 작업통을 고정시킨 모습) 3 방수 시트의 가운데자리의 흰 비닐부분 제거 후 접착되는 부분

와 공사를 하는 경우에는 지붕면에 사다리 모양의 작업대를 지붕면에 고정시켜놓고 작업을 하는 경우도 있다.

위에서 언급된 방식은 우리나라 전통방식이 아닌 현대식 개량방식으로 신영훈씨가 파리에 '고암서방'을 지을 때에도 사용한 방식이기도 하다.[참조: 우리한옥, 현암사] 이렇게 하는 이유는 방수포를 깔아줌으로써 바닥기와가 깨져도 누수를 방지하여 방수포 밑 서까래 나무가 물과 접촉함으로써 생기는 부식을 방지할 수 있어 건물 수명을 오래 지속시킬 수 있기 때문이다.

지붕 방수층 작업은 23일까지 이틀에 걸쳐 이루어졌고 지붕 방수층 공사가 끝날 무렵 오후에 기와(고령기와)가 현장으로 옮겨졌다. 기와는 건축주인 동양대학교 측에서 주문제작한 것으로 막새기와의 경우 막새부분에 동양대학교 심볼이 디자인 되어있다.

4 합각부분에 실링이 되지 않은 상태 5 합각부분 실링이 마무리된 모습 (아래→위 찍은 모습) 6 합각부분 실링이 마무리된 위의 모습

1 현장으로 옮겨진 기와 2 동양대 심볼이 디자인된 숫막새기와 3 합각부분에 적심이 올려진 모습 4 적심위에 개판을 덮은 모습 5 지붕면에 덧서까래 개판 덮기가 완료된 모습 6 아스팔트 프라이머를 바른 후 방수 시트를 깔고 있는 모습 (졸대에 발을 고정하여 작업하는 모습)

기와(蓋瓦) 공사

기와(蓋瓦) 개요

서까래 공사가 끝나면 와공들에 의해 적심과 보토 등을 얹고 기와물매를 잡으면서 기와가 얹어지게 된다. 기와는 목조 건물의 지붕에 이어져 눈과 빗물의 누수를 차단하고 이를 흘러내리게 하여 지붕을 결구하고 있는 목재의 부식을 방지함과 동시에 건물의 경관과 치장을 위하여 사용되고 있다. 따라서 침수를 막는 방수성과 온 · 습도의 기후변화에 오래 견딜 수 있는 내구성을 그 본래의 기능으로 한 기본 기와와 건물의 경관을 돋보이기 위한 여러 종류의 기와들이 일찍부터 다양하게 제작되어 왔다. 우리나라에서는 삼국시대부터 기와가 본격적으로 제작되기 시작하여 조선시대까지 많은 변천을 겪으면서 계속 사용되었는데 지붕에 사용되는 위치에 따라 그 모양이나 명칭이 각각 다르고 그 종류도 매우 다양하다.

기와골을 설계할 때 바닥기와와의 폭을 기준으로 하여 그리다보면 건물전체의 길이와 맞지 않아 반장이 남거나 모자라는 수도 있다. 이는 연함(椽檻)을 팔 때도 같은 현상이 나온다. 이는 기와를 놓을 때 간격을 약간씩 조정하면 가능하므로 연함(또는 연암이라고도 함)을 팔 때에는 숫자만 맞게 파거나 계산하면 된다.

기와 시공순서는 부연 평고대 위에 연함을 부착시키고 서까래 윗부분에 기와를 깔기

1 아구토로 마무리 된 모습 2 수키와를 잇기 위한 홍두께흙 3 지붕 전면에 보토를 까는 모습

위한 적심과 보토(또는 瓦土)를 얹게 된다. 그러나 옛날에는 개판대신 서까래 사이를 막아주기 위해 산자발(피족 등을 잘게 쪼개어 까는 새끼로 발 엮듯이 엮어 깔아 놓은 것)을 깔고 보토를 얹었다. 특히, 장연과 단연이 이어지는 부분(5량의 경우 중도리 윗부분)은 적심 등을 채워 지붕면의 곡면을 잡는다. 이때 와토 위에 삼화토의 강회다짐을 하여 기와가 잘 정착되고 혹시 스며들 누수방지의 효과로 질지 않게 배합하여 깔기도 한다. 특히 용마루 곡(曲)을 잡기 위해서는 마루 적심은 반드시 필요하게 된다.

일반적으로 최근에 사용되는 (막새)기와의 경우 조선시대 이후의 형태를 사용하고 있다. 막새기와의 경우 드림새가 붙어있는 형태와 모양에 따라 고려시대와 조선시대가 구분된다. 고려시대부터 조선초기에는 암키와와 수키와의 드림면이 직각이면서 원형의 형태로 이루어졌지만 조선시대 후기에는 암키와와 수키와의 드림면이 40°~50° 정도로 기울어진 형태를 이루면서 각각 원형이 쳐진 난형(卵形)과 반달형 형식으로 이루어졌다.

기와 잇기의 바탕은 산자(橵子)를 서까래와 서까래 중간에 새끼로 엮어 대고 진흙을 되게 이겨 바른다. 이것을 알매흙이라 한다. 알매흙을 쓰지 않고 짚 · 대패밥 등을 산자 위에 펴고 보통 흙을 이겨 펴기도 한다. 이 짚이나 대패밥을 '발비'라 하고 이겨 편 흙을 보토(補土)라고 한다. 삼화토(三和土)는 강회 다짐흙이라고도 하는 것으로 강회를 피어서 모래와 굴림백토를 혼합하여 물반죽 한 흙을 말한다. 아구토(瓦口土)는 처마끝 또는 각종 마루 마구리 부분에 마무리 흙으로 사용하는 회색의 흙을, 홍두께흙은 수키와를 잇기 위하여 수키와 밑에 까는 흙을 말한다. 홍두께흙 등은 된반죽으로 하여 지름 15㎝정도로 둥글게 뭉쳐놓고 한 덩어리씩 지붕에 던져 올리면 지붕 위에서 받아서 사용장소에 던져주는 방식으로 이루어진다.

일본과 중국의 기와를 비교하면 거의 비슷한 형태로 사용되고 있지만 조금씩의 차이는 있다. 우리나라와의 차이점을 보면, 특히 중국의 경우, 자금성에 사용된 기와가 대부분 금색(노란색)으로 왕의 권위를 나타내고 있으며, 일본의 경우에는 추녀 또는 용마루 끝부분 등에 치미와 용두가 아닌 망와와 물고기 모양의 장식을 많이 사용하고 있는 경우가 있는데, 물고기 장식의 경우에는 목조건축에서 불을 쫓아낸다는 의미가 많이 담겨 있다고 할 수 있다.

용마루 끝부분의 물고기 장식-일본 큐슈 고쿠라 성

추녀/용마루끝의 망와-安國寺 聖福寺(쇼후쿠지/일본 큐슈)

보수중인 노란색 기와-북경 자금성내 건물

암키와 깔기

10월 24일부터 기와를 옮기기 시작하여 약 10일간에 걸쳐 기와작업이 이루어질 계획이다. 일반적으로 기와는 점토소성품(粘土燒成品)과 시멘트제품이 있고 형식상 또는 전래된 고장의 이름으로 호칭하기도 한다. 본 공사에 사용된 기와는 고령기와를 사용했다. 기와작업의 초기작업으로 이매기 평고대에 암키와의 받침대인 연암제작이 시작되었다. 연암은 암키와 또는 그 받침장을 받는 재(材)로서, 만들기는 목수직의 일이지만 설치는 기와장이가 목수와 협력하여 설치한다. 재의 두께는 보통 1.5치(4.5㎝)이상, 높이(춤)는 2.5치(7.5㎝)이상으로 하지만 간단한 주택 등에서는 1.2치에 2.5치를 쓸 때도 있다. 연암대기(설치)는 평고대 면에서 1~2푼 들여놓고 양끝을 누르고 중간골마다 또는 한골 지름으로 못을 박아댄다. 연암 설치가 완료되자 현장으로 옮겨진 기와를 크레인을 이용하여 지붕으로 옮겨졌다. 여기에서 건축주와 와공들 사이에 의사전달의 차이로 인하여 조금한 문제가 발생하게 되었다. 현장에 온 와공(瓦工)들은 루핑작업 위에 곧바로 기와를 덮을 계획으로 기와를 지붕으로 옮기고 있었다. 와공에 따르면 기와 밑 부분에 방수작업을 끝냈기 때문에 굳이 보토를 사용하지 않아도 되며, 또한 경제성과 작업의 수월성을 고려할 때 기와작업을 시작해도 아무런 하자가 없다고 했다. 사실 흙으로 인하여 한옥의 수명이 단축되는 것은 사실이다. 전통방식에 의하면 본 공사와 달리 서까래 면에 직접 흙이 닿기 때문에 서까래 면이 흙에 포함된 물기와 직접 닿으면서 썩게 된다. 그러나 본 공사의 경우 개판 위에 아스팔트 루핑작업까지 마친 상태이기 때문에 썩을 염려가 없지만 건축주는 전통적인 방식대로 보토작업 후 기와작업을 해줄 것을 요구했고, 결국 건축주 요구대로 보토를 작업 한 후 기와를 올리기로 하고 긴급히 현장에 보토(진흙과 석회를 혼합하여 강회를 만듦)가 옮겨지고 작업이 이루어졌다. 강회 작업시 진흙과 석회가 혼합되면서 흰 연기가 발생하는데, 와공들은 이것을 '강회를 피운다' 라고 표현했다.

기와 잇기의 가장 먼저 하는 작업은 처마장 또는 내림새의 내밀기부터 이루어진다. 기와는 지붕면의 우측에서부터 좌측으로 이어나가는 것을 원칙으로 한다. 처마장 또는 내림새의 내밀기는 암키와 길이의 약 1/3정도와 소와(小瓦) 9~10.5㎝, 중와(中瓦) 10~12㎝, 대와(大瓦) 12~15㎝를 표준으로 한다. 직선재인 처마에서는 처마 끝의 좌우로 기준 수평선을 치고 이으면 되고 다음 추녀 끝까지는 휘어 오른 곡선에 맞게 내밀어놓았다. 실제로는 연암에서 일정한 거리로 내밀면 되니까 처마 기준선은 꼭 필요한 것은 아니다. 이 기준선은 암키와의 옆면 하부와 연암 두둑 상부에 걸쳐 친다.

처마장 또는 내리새는 연암에서 상당히 내밀어지게 되므로 깨어질 우려가 있고 또한 겹친 기와가 다르기 때문에 이것을 보충 · 보강하는 뜻으로 그 밑에 암키와 1장을 받치게 된다. 이것을 받침장 또는 대장(臺張)이라고도 하며, 처마장 · 내림새에서 3~6㎝ 안쪽에 댄다. 받침장은 밑면이 보이게 되므로 면바르고 연함과 처마장 또는 내림새에 밀착되는 것을 골라 써야 한다.

먼저 와공들은 3인 1조(기와잇기, 기와전달, 보토작업)로 구성되어 지붕에서 기와의 물매와 기와의 배치를 위해 줄로 처마선, 용마루선 지붕물매선 등을 만든다. 그 후 기준

1 연암위에 암막새기와 받침(암키와)을 일정한 간격을 유지시킨 후 2 받침기와 위에 암막새기와의 접착력을 높이기 위해 부토를 얹고 3 보토위에 암막새기와를 얹고 와도를 사용하여 고정시키는 모습 4 용마루부분에 보토와 기와가 올려진 모습 5 추녀부분에 암키와가 올려진 모습 6 회첨골 부분의 낮게 암키와가 두 줄 깔린 모습 7 용마루선을 맞추기 위해 끈으로 측정하는 모습 8 암막새기와의 끝부분에 지붕면에 고정시키기 위해 동으로 못을 묶어놓은 모습 9 보토를 만드는 작업(진흙과 석회를 섞는 작업) 모습 10 홍두께 흙이 지름15㎝ 정도로 구형으로 반죽된 형태 11 연암 위에 암키와를 걸어놓은 모습

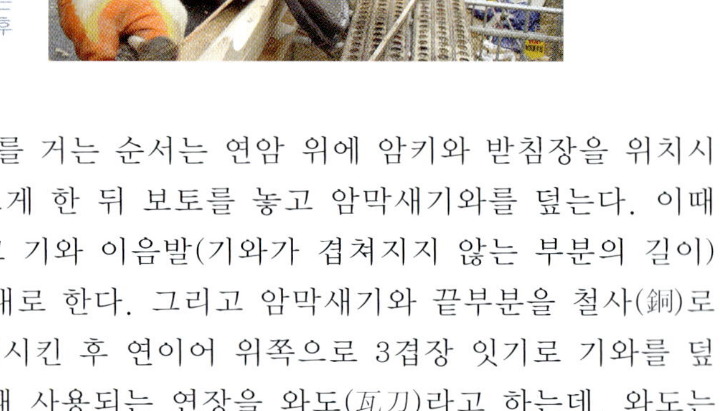

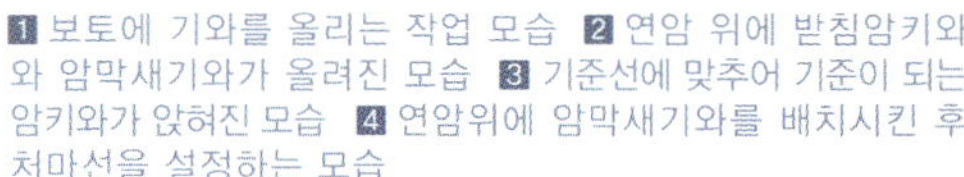

1 보토에 기와를 올리는 작업 모습 2 연암 위에 받침암키와와 암막새기와가 올려진 모습 3 기준선에 맞추어 기준이 되는 암키와가 앉혀진 모습 4 연암위에 암막새기와를 배치시킨 후 처마선을 설정하는 모습

이 되는 암키와를 먼저 건다. 암키와를 거는 순서는 연암 위에 암키와 받침장을 위치시키고 처마에서 일정한 간격만큼 나오게 한 뒤 보토를 놓고 암막새기와를 덮는다. 이때 암키와는 처마골 연암에서 9㎝내밀고 기와 이음발(기와가 겹쳐지지 않는 부분의 길이)은 기와 길이의 1/3~1/2(9~14㎝)이내로 한다. 그리고 암막새기와 끝부분을 철사(銅)로 매어 지붕에 못(와정: 瓦釘)으로 고정시킨 후 연이어 위쪽으로 3겹장 잇기로 기와를 덮는다. 그리고 기와 잇기 작업을 할 때 사용되는 연장을 와도(瓦刀)라고 하는데, 와도는 기와 잇기 작업시 추녀부분에 암키와를 경사지게 자르거나 암키와를 이으면서 암키와끼리 곡면이 맞지 않아 밀착되지 않을 때 암키와 모서리 부분을 잘라 암키와를 밀착시키는 작업 등 여러 용도로 사용되는 것으로 손잡이도 쇠로 이루어진 이유에서인지 외관으로 보고 느끼는 것보다 훨씬 무겁다.

날씨가 점점 추워지고, 28일은 엄청난 바람으로 인하여 기와 잇기 공사가 중단되었다. 그러나 29일은 어제와 달리 아침부터 포근한 날씨로 변하면서 지붕면에 나머지 암키와 잇기 공사가 계속되었다. 특히, 회첨부분 암키와 잇기 공사에 와공들과 건축주와의 의견 차이가 있었다. 사실 회첨부분이 빗물에 가장 취약한 곳이다. 박공 지붕면에 내린 빗물들이 회첨부분에 모여 지붕 아래로 떨어지기 때문에 누수의 위험이 가장 많은 곳이기 때문에 방수를 철저히 해야 한다. 와공들의 경우, 루핑을 한 겹만 추가하고 암키

1 회첨에 기와 잇는 모습 2 와공들이 사용하는 와도(瓦刀)

와를 잇자고 했지만, 건축주는 루핑위에 다시 동판을 한 겹 더 깔고 암키와를 이어주기를 원했다. 신영훈 원장 역시 와공들의 시공 방법을 수긍했지만 건축주의 요구대로 동판을 깔고 시공하는 것으로 결정되었다. 그래서 회첨부분의 방수층은(서까래→서까래 덮판→덧서까래→덧서까래 덮판→루핑1→루핑2→동판→보토→암키와) 지붕위의 암키와와 합하여 총 9번의 작업이 이루어진 상태이기 때문에 지붕의 무게는 상상을 초월한다. 암키와 작업이 어느 정도 마무리되자 오후에는 수키와가 현장으로 옮겨졌다.

회첨골(會檐谷)의 암키와는 한줄 골, 두줄 골 또는 세줄 골 등으로 하지만 세줄 골 이상은 두줄 골보다 유리한 것은 아니다. 한줄 골은 그 좌 · 우지붕면의 빗물을 받게 되므로 짧은 지붕골 또는 간단한 부분에 쓰인다. 두줄 골의 경우 좌측 골은 좌측지붕의 빗물을 부담하고 우측 골은 우측지붕면의 빗물을 부담한다. 세줄 골은 규모가 큰 건물에 만들어 지붕면의 흘러내리는 빗물을 좌 · 우측 골에서 부담하고, 중앙 골은 자체 빗물만

3 수키와 작업을 위해 수키와 이동 4 회첨의 가장 끝부분인 고삽부분 암키와 모습 5 회첨에 동판을 깔고 암키와를 한 줄로 이은 모습 6 합각벽 경계선을 끈으로 표시한 모습

부담하는 것이다. 따라서 세줄 골 이상은 지붕골이 넓어진 듯 보이나 두줄 골의 효과와 같으며 골면이 넓어지므로 물매잡기도 어렵게 된다. 본 공사에서는 두줄 골로 시공되었다. 시공순서는 먼저 다른 지붕면보다 암키와를 낮게 두 줄 깔고, 중간에만 수키와를 덮어 양옆으로 골(두줄 골)이 생기도록 한다. 처마끝 부분에는 삼각판(고삽판)을 대고 암키와를 받치게 한다. 이런 경우 회첨골의 물매는 지붕면의 물매보다 약하게 되고 암키와의 경사 역시 약하게 된다. 암키와의 경사가 약하게 되어 비새기 쉬운 곳이 되므로 시공할 때 많은 주위가 필요하다.

조선기와를 이어가는 방향은 먼저 바닥기와(암키와)를 깔고 난 다음에 수키와를 덮는다. 바닥기와는 오른쪽에서 왼쪽으로 이어가되 오른쪽 한 줄을 처마 끝에서부터 지붕마루까지 높은 곳으로 이어 올라가서 끝나고, 다음 왼쪽 한 줄을 이어 올라간다. 오른쪽에서 왼쪽으로 이어가는 것은 전통적인 수법으로 계승된 것이라 할 수 있다. 수키와 역시 오른쪽 처마 끝에서부터 위로 한 줄씩 덮어 올라간다.

지붕마루 수키와 잇기

몇 일 전에 비해 날씨가 많이 포근해졌다. 작업내용도 어제 작업의 계속으로 수키와 잇기 작업과 내림마루, 추녀마루 기와 잇기 작업이 이루어졌다. 수키와는 뒷부분 겹쳐 이을 수 있도록 턱이 만들어져 있는 '언강'이 있어 다음 수키와와 높이차 없이 이을 수 있게 되어 있다. 옛날에는 언강이 없이 앞쪽보다 뒤쪽이 좁아 겹쳐 이을 수 있도록 제작된 '토시기와'를 사용하기도 했다. 날씨가 따뜻한 이유에서인지 와공들이 활기차 보였다. 지붕마루는 기와를 잇다가 생기게 되는 것으로 앞 · 뒤 기와가 서로 만나는 부분에 모양을 내서 높직하게 쌓아둔 것을 의미하는 것으로 본 공사에는 팔작지붕으로 시공되는 까닭에 용마루, 내림마루, 추녀마루 3종류의 마루가 형성되었다.

1 지붕마루에 사용된 기와의 종류 2 수키와 속에 홍두께 흙과 언강이 보인다

경복궁 경회루의 용마루, 내림마루, 추녀마루에 양성한 모습

지붕마루의 경우, 대개 수키와와 암키와를 조합해서 만드는데, 보통은 수키와를 2단 정도 옆으로 뉘어 쌓은 다음에 그 위에 암키와를 엎어서 몇 단 쌓고, 가장 꼭대기에는 다시 수키와를 엎어 쌓는 것으로 지붕마루가 만들어진다. 이때 제일 밑에 뉘어 쌓는 수키와 첫째 단은 기왓골에 맞게 그랭이질하여 맞추는데 이를 '착고'(일반적으로 착고 기와는 따로 생산하고 있음)라고 한다. 그 위에 다시 한 단 놓이는 수키와는 '부고'라고 한다. 부고 위에 올라가는 암마루장 기와의 단수는 보통 홀수로 이루어지는데 용마루를 7단으로 했다면 내림마루와 추녀마루는 5단으로 한 등급 낮추어 준다. 집이 크면 암마루장의 숫자도 많아진다. 그리고 궁궐과 같이 매우 큰 건물에서는 지붕마루(용마루, 추녀마루, 내림마루 등)가 너무 높기 때문에 강한 바람 등에 의해 파손될 염려로 인하여 기와로만 쌓기는 불안정하여 양쪽에서 하얗게 회를 바르는데 이를 '양성'이라고 한다.

본 공사에서는 내림마루, 추녀마루, 용마루 순으로 공사가 진행되었으며, 내림마루의 경우에는 너새기와 잇기가 마무리 된 후에 내림마루 공사가 이루어져야 했다. 그리고 내림마루와 추녀마루에는 '부고'라고 하는 수키와가 사용되지 않고 착고 위에 곧바로 암마루장을 쌓았으며, 암마루장의 높이는 내림마루의 경우 5단 추녀마루 역시 5단으로 놓였으며, 용마루의 경우, ㄷ자 형태의 평면에서 돌출된 부분의 용마루는 7단으로 건물 정면의 용마루의 경우 9단으로 계획되어 있었다. 잠깐 용마루에 관한 이야기가 생각난다. 본인이 학부학생일 때 경복궁을 방문하고 안내원으로부터 임금님이 주무시는 강녕전의 경우 용마루가 없는 이유는 그 당시 임금이 용이었기 때문에 용 위에 용이 있을 수 없다고 하여 용마루가 없다는 설명을 들은 적이 있다. 그러나 최근 중국을 여행했을 때 이화원의 경우, 대부분의 건물에 용마루가 없는 사실을 보고 (정확히 용마루가 없는 이유는 모르지만) 안내원의 설명이 근거없는 이야기인 것 같았다. 아무튼 이런 이야기 나올 정도로 용마루가 집의 격식과 관계된다는 의미도 있을 것이다.

이화원내 용마루가 없는 건물1 이화원내 용마루가 없는 건물 2 이화원내 장랑-용마루가 없는 내부 도리사진

각 마루마다 암마루장의 단의 수를 다르게 함으로써 나름대로 지붕마루의 위계를 형성시키고 있었다. 마루장의 기와는 일반적으로 홀수로 사용한다고 하는데 이는 홀수가 풍수에서 양택(살림집)을 의미하고 있기 때문이라 한다. 그리고 풍기라는 지역적 기후 특성(바람이 많은 탓)때문에 지붕마루를 형성하고 있는 착고, 부고, 암마루장 전체를 동(銅)끈으로 묶어 바람에 기와장이 소실되는 것을 미연에 방지하도록 시공되었다.

1 내림마루 제일 윗부분으로 용마루와 만나는 부분 2 추녀마루와 내림마루가 만나는 부분 (아구토로 마무리되기 전) 3 골추녀(회첨)부분의 암키와와 수키와의 모습

1 ㄷ자의 돌출된 용마루부분으로 착고잇기 후 부고 잇기하는 모습 2 착고기와의 모양 3 용마루의 초기작업으로 착고기와를 잇는 모습 4 내림마루 공사 전에 너새기와를 잇는 모습 5 수키와를 잇기 위해 홍두께 흙을 깔아놓은 모습 6 합각벽 부분이 마무리된 모습으로 암마루장 밑에 착고가 보인다. 7 합각벽 시공이 이루어지는 모습으로 아래의 새암키와와 민가에서 사용했던 중와의 측면부분의 질감이 확연히 구분되고 있다. 8 추녀마루 부분으로 암마루장 5단 위에 숫마루장이 올려진 모습 (바람에 의한 기와장 소실을 방지하기위해 동(銅)으로 묶은 모습과 착고가 보인다) 9 용마루를 형성하기 위하여 줄로 용마루선을 잡은 모습

방풍으로 마무리한 합각벽 -풍기 선비촌

화려한 무늬로 구성된 합각벽 -경기도 여주 신륵사

화려한 무늬로 구성된 합각벽-창덕궁

용마루 중간지점에 상량을 치르기 위해 '人' 형태로 세운 수키와

지네철 설치이전의 합각벽이 완성된 모습 (아직 줄매김 흙이 채워지지 않은 상태)

합각부에 지네철로 장식한 것과 회줄눈 매김을 한 모습과 환기통이 뚜렷이 보인다.

기와 공사 마무리

내림마루, 추녀마루의 지붕마루가 완성되고 마지막으로 용마루가 완성되자 어느 정도의 기와지붕 공사가 완료된 것처럼 보였다. 그러나 용마루가 집의 가장 높은 곳에 위치하고 있는 이유에서인지 '상량'이라는 절차를 치르게 되는데, 이런 상량이라는 절차를 치르기 위해 와공들은 용마루 중앙에 수키와 두장을 마주보게 하여 '人'형식으로 세워두고, 건축주가 수키와 두 장을 마무리시킴으로써 기와상량이 이루어진다. 이런 절차가 이루어지면 마루 공사와 암키와 수키와 공사가 거의 완료된 것을 의미한다. 상량절차를 치르기 전에 합각벽 공사가 시작되었다. 합각벽의 경우 팔작 기와지붕에나 생기지 우진각지붕에는 합각이 없고 박공지붕은 박공판 아래에 아무것도 없는 빈공간이어서 방풍판 정도를 조성하는 것이 일반적이다. 여염집에서는 토벽 치는 것이 보통이고 잘하는 집이라야 '새벽(砂壁)'이나 '재새벽(再砂壁)'으로 마감한다. 하얗게 재새벽한 벽체를 무늬 없이 그냥 두기도 하지만 기왓장 깨진 것이나 벽돌로 무늬 놓아 치장하기도 하며 환기구멍을 내는 등 여러 구성방법이 있다.

본 공사의 합각벽 공사는 민가에서 사용했던 중와(암키와)를 사용하여 올렸다. 와공들에 의하면 민가에서 사용했던 암키와의 옆면이 새로 만든 새기와에 비해 질감이 투박하기 때문에 합각벽을 올렸을 때 합각벽의 맛(멋)을 제대로 느낄 수 있다고 했다. 합각벽 시공은 합각벽 뒤 쪽에 수키와로 중앙부분에는 흙으로 앞쪽에는 암키와로 올리기 때문에 벽의 두께는 60㎝이상이 되므로 바람이 합각벽에 불어도 든든하게 이겨낼 수 있을 것 같았다.

주요용어정리

기와의 크기

일반적으로 전통기와를 조선기와라 부르며, 암키와와 수키와로 대별할 수 있고, 암키와의 크기는 소, 중, 대로 나누어 구분한다. 각각의 폭은 27(9치), 30(10치≒1자), 33㎝(1자 1치)이고, 길이는 일반적으로 폭 길이에 2치(6㎝)를 더하면 각각 33, 36, 39㎝로 이루어진다. 수키와의 경우 지름은 암키와 나비의 반 정도이고 길이는 암키와의 나비와 같거나 조금 길다. 궁궐의 경우에는 건물규모가 대단히 큼으로 기와도 특대이상의 것을 사용(1자 2치(36㎝)×1자 4치(42㎝))하게 된다. 최근에 와서는 인테리어 공사 등에 사용하는 경우에는 주문에 의해 경량으로 소규모 기와를 사용하는 경우도 있다.

토수(吐首)

잡상(雜像)

용두(龍頭)

취두(鷲頭)

치미(鴟尾)

망와(망새: 望瓦-안곱재기)

망와, 귀면와를 사용한 사례 -경주 박물관

용마루 끝에 취미를 사용한 사례-불국사 비로전

경복궁 태원전 보수 공사 보습 -잡상의 모습

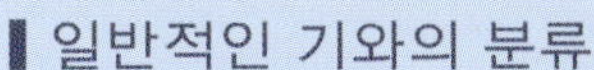

일반적인 기와의 분류

기본기와	막새(瓦當)	서까래 기와	마루기와	특수 기와
· 수키와(圓瓦) · 암키와(平瓦)	· 수막새 (圓瓦當) · 암막새 (平瓦當) · 이형막새 (異形瓦當) (소형막새 / 반원막새 / 타원막새 / 모서리기와 (隅瓦))	· 연목기와 (椽木瓦) · 부연기와 (附椽瓦) · 사래기와 · 토수(吐首)	· 적새 · 착고 · 부고 · 치미 · 취두 · 용두 · 귀면기와 · 망새 · 잡상 · 마루 수막새 · 마루 암막새	· 기단용 기와 · 장식용 기와 · 무덤용 기와

기와공(瓦工)

옛날의 기와공은 지붕에 올라가 일할 때는 짚신을 신어야 하며 가죽구두는 금지되었다고 하며, 전문 와공 1인에 조력공(助力工)1인 또는 2인, 모군(人夫)1~3인 한 조가 되어 기와를 잇는다. 5칸 집 1채에 기와 세 울(三訥, 3,000장)이 소요되며, 기와공은 지붕산자 엮고 판 차려서 아귀토 · 지붕마루틀기까지 완료하는데, 1일 평균 기와 500~600장을 잇는다고 하면 기와 잇는 기간은 4~5일이면 완료된다. 이와 같이 집 짓는 데 목수일이 1~2개월이 걸리는데 기와공의 일은 목수일1/10이면 완료된다. 따라서 일년 목수직의 가동 일수가 9개월이면 기와공의 가동 일수는 불과 2개월에 지나지 아니한다. 따라서 전문으로 하는 기와공은 그 수효도 적을 뿐 아니라 1일 노임도 목직의 2배 이상이라야 하였다. 현재 한식목공의 임금을 1로 하였을 때 기와공은 그 1.62배 정도이다.

골기와(谷蓋瓦, 谷瓦)-회첨부분

지붕골의 암키와는 한줄 골, 두줄 골(일반적) 또는 세줄 골 등으로 하지만, 세줄 골 이상은 두줄 골 보다 유리한 것은 아니다. 한줄 골은 그 좌우 지붕면의 빗물을 받게 되므로 짧은 지붕골 또는 간단한 부분에 쓰인다. 두줄 골의 좌측 골은 좌측 지붕면의 빗물을 부담하고 우측 골은 우측지붕면의 빗물을 부담한다. 세줄 골의 좌우측 골은 지붕면의 빗물을 부담하나, 중앙 골은 자체 빗물만 부담하는 것이다. 따라서 세줄 골 이상은 지붕공이 넓어진 듯 보이나 두줄 골의 효과와 같으며 골면이 넓어지므로 물매잡기도 어렵게 된다.[한국건축대계 Ⅵ, 개와, 보성각, 장기인, p.154] 드물게는 세줄 골이상의 회첨부도 있다. 경남거창의 허삼돌 가옥의 경우 7줄의 회첨골로 이루어져 있다.

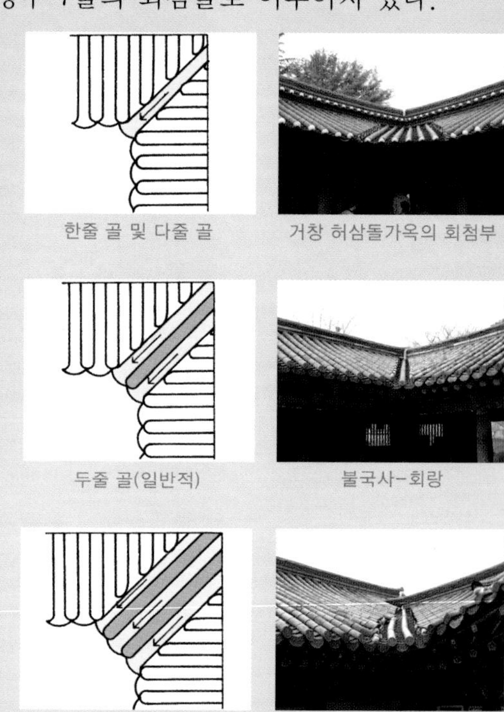

한줄 골 및 다줄 골 / 거창 허삼돌가옥의 회첨부

두줄 골(일반적) / 불국사-회랑

세줄 골 / 강화도-고려궁지

박공판에 사용되는 철물와 현어

지붕에서 'ㅅ'자 모양으로 두 박공이 만나는 용마루 부분에는 박공을 긴결하는 철물을 박는데 일반적으로 꺽쇠를 사용하는 경우가 많다. 그리고 고급집의 경우에는 지네모양의 얇은 철판(제네철)을 붙이는 경우도 있다. 또한 도리에 박공판을 붙이기 위하여 못을 박는 경우가 있는데, 이때 사용하는 못대가리를 장식하기 위하여 사용하는 철물을 '방환'이라 한다. 지금은 사라졌지만 박공을 붙여도 도리 말구가 약간은 노출되기 때문에 말구를 가리기 위하여 작은 나무판재를 물고기 또는 화려한 문양(초화문양 등)으로 조각하여 붙이는 경우가 있는데 이를 현어(懸魚)라고 한다. 현어장식은 고려시대까지 사용하였지만 조선시대 주택에서는 거의 찾아보기 힘들다.

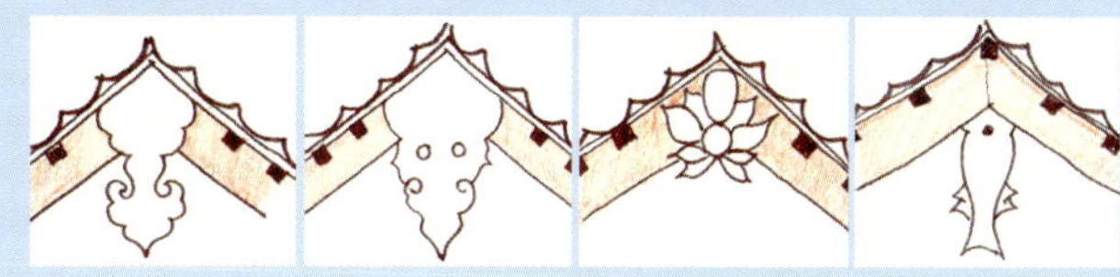

여러 가지 종류의 현어장식 모습

지네철과 현어장식은 합각부(박공부)에 사용하는 장식물이지만 각각의 기능은 다음과 같다. 제네철의 경우, 다산(多産)과 집안의 번창(繁昌)을 가져오는 개념도 있지만, 기능적으로는 두 개의 합각판(박공판)이 만나는 부분을 가려주는 기능을 하고, 현어의 경우, 목재가구에서 가장 취약한 화재를 막는다는 물의 개념이 포함된 물고기 모양으로 합각부에 사용하는 경우도 있지만, 대부분 합각판으로 가리기 어려운 중(종)도리의 노출을 가려주기 위하여 사용되었다. 본 공사에서는 현어를 사용하지 않고 합각판 아래 합각판을 덧붙이는 형식으로 도리를 가리고 있다.(세번째 사진) 합각벽을 쌓는 경우에는 합각벽으로 도리가 가려지기 때문에 현어를 사용할 필요가 없다. 때문에 현어의 경우, 주로 합각부에 벽으로 가리지 않는 경우(예: 박공 지붕)에 주로 사용된 것으로 짐작된다.

지네철과 방환을 사용한 모습

현어의 모습-일본 큐슈 텐만궁

꺽쇠를 사용하여 긴결한 모습

일본 고쿠라성(큐슈)의 현어

지네철을 사용하여 장식한 모습

현어로 장식된 박공부

5 마루 공사와 흙벽 공사

마루 공사

마루 공사

마루는 따뜻한 남쪽지방에서부터 발달하여 한옥에 도입되었다. 사계절이 뚜렷한 한국에서는 여름을 시원하게 보내기 위한 방편으로 마루를 필요로 하게 되었다. 이런 마루는 추운 북쪽지방에서부터 내려온 구들과 만나면서 한옥의 특징을 이루게 되었다.

마루는 지역이나 계층에 따라 여러 가지 명칭으로 불린다. 중부지방에서는 주로 '대청'이라 부르고, 남부 호남에서는 대청과는 별도로 '마래'가 설치되었으며, 동부 영남지방에서는 '안청'으로, 북부 영남지방이나 강원도에서는 '안마루'라 부른다. 마루는 주로 방을 연결하는 전이공간으로서 마당을 향해 개방되어 설치됐다. 안마루는 집중형 주거에서 많이 볼 수 있는 양식으로 봉당과 각방을 연결하는 전이공간이면서 여름철 취침과 식사가 이루어진 곳이다. '안청'이나 '마래'는 특이하게 사람의 생활공간으로 활용된 것이 아니라 곡물을 수장하는 도장의 역할로 이용되었다.

본 공사의 대청마루는 정면 9칸 중 중간 3칸(약 9m) 폭과 9.6m의 깊이(9×9.6m) 넓이로 이루어졌으며 마루형식은 우물마루 형태로 이루어졌다.

기와 공사 이후에 시작한 수장작업의 경우 3명의 목수로 작업이 이루어지는 까닭에

■1 장독에 소금과 숯을 넣고 대청마루 아래 묻혀 있는 모습 ■2 대청마루 아래에 소금과 숯이 들어간 장독 10개가 묻힌 모습

작업 속도가 느리게 진행되었다. 그리고 특이한 것은 마루 공사가 시작되기 전에 대청마루 자리 밑에 10개의 장독을 묻는 작업이 이루어졌다. 장독 안에는 숯과 굵은 소금을 넣은 것으로 나무를 습기로부터 보호하고 악귀를 물리친다는 의미가 담겨져 있다. 특히 숯은 크기가 1000분의 1㎜정도 되는 무수한 구멍을 가지고 있다. 곰팡이 같이 덩치가 큰 미생물은 기생하지 못하는 반면 유익한 미생물들은 숯의 구멍에 서식한다. 숯의 미세한 구멍은 산화의 원인인 양이온을 흡착하는 능력이 탁월한 것으로 알려져 있다. 금줄에 사용되는 숯 또한 정화(淨化)의 의미와 기능을 가지고 있다.

기와 공사가 마무리될 즈음에 목수들은 뒤쪽 툇칸의 마루 공사(뒤 툇마루)부터 시작했다. 11월 5일 마루 공사가 진행되는 도중에 마루 공사와 전기 공사(6장 전기 공사에서 설명) 작업 순서로 인하여 목수와 전기 공사 담당자 간에 여러 의견들이 오고 갔다. 전통 목조 건축물인 까닭에 가구를 형성하고 있는 나무(架構材)들이 완전히 노출되기 때문에 전기줄을 노출시켜야하는, 다시 말해 의장적인 면에서 깨끗하게 마무리되지 않는 단점이 나타났다. 특히, 콘센트의 경우에는 미닫이문(미닫이문: 한줄 홈에 문 한 짝 또는 두 짝을 끼워 좌우 옆 벽에 밀어붙여서 여닫는 문, 미서기문: 두줄 홈에 두 짝 또는 네 짝을 달아서 좌우문짝 옆으로 밀어붙여서 여닫는 문)이 설치되는 문의 경우 개폐시 노출된 벽쪽으로 문이 열리는 까닭에 콘센트를 벽에 노출되도록 설치하지 못하는 단점이 문제점으로 나타났다. 대안으로 콘센트의 경우에는 기둥부분에서 노출되어 설치해야하는 경우가 되었고, 밖에서 연결되는 전기줄의 경우에는 마루(동귀틀) 밑으로 전기줄을 숨겨 연결시키고자하는 전기공의 제안으로 전기 배선 공사 완료 후 대청마루의 청판 깔기를 하기로 했다. 도편수 역시 전기 공사에 대해서는 자세히 알지 못했는데 이는 현대의 생활양식과 과거의 생활양식의 차이에서 오는 문제점이다.

① 툇마루 공사

어제까지 9명의 와공들이 일하는 모습으로 공사현장이 활력이 차있는 것 같은 느낌을 받은 반면에 오늘은 목공 5명이 일을 하는 까닭에 공사현장이 조용한 느낌이 들었다. 밖에서는 동귀틀과 장귀틀을 치목하고 건물 내부에서는 뒤 툇칸 청판 깔기와 누마루의 동귀틀(童耳機)과 장귀틀(長耳機) 맞춤작업이 이루어지고 있었다.

1 개탕 받침대에 개탕하기 위해 청판을 고정시킨 모습 2 반턱쪽매로 치목된 수납장 바닥재

동귀틀 양쪽으로 청판을 끼우기 위해서는 청판 양쪽을 혀를 내던지, 반턱을 내어야 한다. 이때 널재 옆면에 반턱을 내는 것을 변탕(邊湯)이라 하고 제혀나 홈을 내는 것을 개탕(開湯)이라 하며 또 그 대패를 이르기도 한다. 본 공사에서는 개탕으로 쪽매가 이루어졌다.

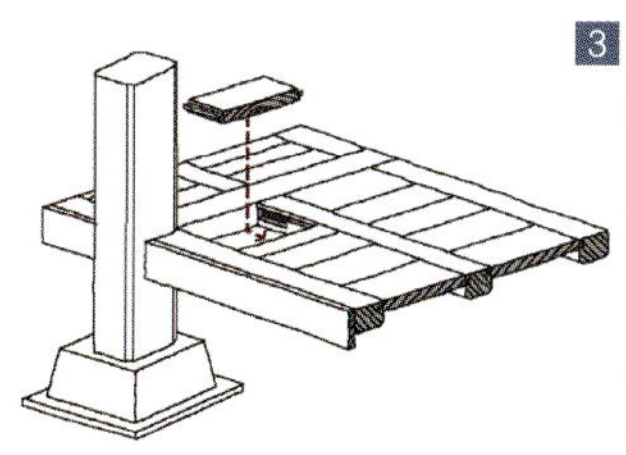

3 마지막 청판과 홈의 모양 4 청판이 동귀틀에 제혀 물림되는 모습

마루 청판을 끼울 때는 장귀틀 끝부분(또는 처음부분)홈을 다른 홈보다 크게 낸다. 즉 청판을 끼울 수 있는 여유 공간을 만들어 주는 것이다. 그리고 끝부분(처음부분)에서부터 청판을 차례대로 끼워 처음부분(끝부분)까지 밀어가면서 청판(마루)을 깔아 나간다. 마지막 청판의 경우에는 다른 홈보다 큰 부분을 마루 밑에서 나무토막 쇄기를 박아 다른 마루 면과 같은 높이로 고정시킴으로써 청판 깔기가 완료된다.

1 툇칸의 마루시공에서 기둥과 동귀틀과 맞춤이 이루어지는 모습 2 청판을 끼우기 위한 홈이 끝부분에서는 더 크고 깊게 이루어지는데 이는 청판을 끼워 넣기 위함이다 3 툇칸 마루를 시공하는 모습으로 동귀틀과 장귀틀을 맞추고 있는 모습 4 뒤 툇칸의 마루 작업 모습(개탕을 위해 먹줄을 먹임)

앞 · 뒤 툇마루의 경우 초기 설계도면에서는 기둥 중심선 간격이 1.5m(5자)로 안목 간격은 1.2m(기둥 1자각이므로 양쪽 반자씩 툇마루쪽으로 들어옴)로 두 사람이 걸어 다니기에는 좁은 까닭에 1.8m(6자)로 넓혀 시공되었다.

사용목재의 크기는 뒷 퇴칸(폭 1.8m)의 경우 장귀틀과 동귀틀의 경우 폭이 7치(21㎝)×높이 5치(15㎝)의 크기이며 여기에 끼워지는 청판은 두께 2치(6㎝), 폭 1자(30㎝), 길이 1자 7치(51㎝)의 각재를 사용하였다.

11월 6일경에 뒷 툇마루 공사가 완료되자 본격적으로 전면 툇마루와 누마루 공사가 시작되었고 12일경에 거의 마무리 되었다. 그러나 전면 툇마루의 경우 전날까지 전기공과 합의안에 의해 툇마루의 청판을 깔기 전에 기초 전기배선과 배전반 공사가 우선적으로 이루어졌다.

② 대청(大廳)마루 공사

대청마루는 우리 한옥 공간 중 가장 중심이 되는 공간으로 다양한 용도로 이용되는 공간이기도 하다. 보통 대청의 크기는 4칸 대청이지만 큰 대청은 6칸도 있다. 여기서 6칸 대청이란 전면이 3칸, 측면이 2칸인 대청을 말한다. 대청은 우물마루로 하는 것이 보통이며 전면은 트여있고 뒷면은 당판문으로 되어있는 것이 대부분이다. 본 공사에서도 전면 3칸, 측면 2칸(부록 도면 참조)의 6칸의 큰 대청으로 시공되었고 마루형식은 우물마루로 시공되었다.

본 공사의 대청마루 목공사는 마루공사 이전에 마루 아래 흙 부분을 정지하고, 우기시 습기 발생 등으로 인하여 대청마루의 청판이 상할 수 있기 때문에 습기 방지를 위한 숯을 넣은 장독을 대청마루 바닥에 묻는 작업이 우선 이루어졌다. 다음으로 흙 위에 방수 시트 2겹을 깔고, 방수 시트 위에는 강회와 시멘트 모르타르로 마감하는 작업이 우선 이루어졌다. 이는 현대 건축물 시공의 액체방수 위에 누름 콘크리트로 마감하는 것과 비슷한 원리이다.

1 대청마루 아래 방수 시트와 강화누름을 하는 작업 2 대청마루 바닥-방수시트 2겹 + 강회 + 시멘트모르타르 마감

3 대청마루의 장귀틀과 동귀틀이 완성된 모습 4 대청마루의 동귀틀사이로 청판을 끼우는 모습

이 시기(11월 말)는 동절기로 접어드는 기간으로 내년 봄까지 공사가 중지되어야 하기 때문에 건물 주변 정리에 관한 이야기도 나오기 시작했다. 비록 공사 초기에 치목장에서 치목이 이루어졌지만 공사가 진행되면서 외부공간이 건축재료 적재 및 치목장으로 사용되는 까닭에 건물주변 조경 등에 관한 사항에 대해서는 생각할 여유가 없었다. 공사가 어느 정도 완공단계가 이르자 차량 및 보행자 진입 방향, 건축물 뒤쪽의 경사지 처리문제 등에 관해서 여러 제안들이 나왔다.

③ 누마루 공사

누마루의 경우 6m(20자)×6m(20자)의 넓이의 공간으로 중심을 가로지르는 장귀틀의 경우 폭이 1자(30㎝)×높이 6치(18㎝)와 폭이 1자 1치(33㎝)×높이 6치(18㎝)의 각재를 동귀틀의 경우 폭이 8치(24㎝)×높이 5치(15㎝)의 각재를 사용하고 있었다.

누마루 난간은 높은 기단 바깥 누마루 · 상층마루 · 또는 평지붕 옥상 · 지붕 주위에 둘러댄 것과, 계단옆 · 교량의 양가에 막아 세운 것인데, 이것은 높은 곳의 갓둘레에 막아 댄 구조물로서 사람의 추락을 방지하는 것이다.

1 누마루의 장귀틀이 맞춤될 부분 2 누마루 장귀틀 안장 맞춤의 모습 3 누마루의 동귀틀 맞춤을 위한 홈 4 누마루에서 고정된 장귀틀과 맞춤을 위한 동귀틀 작업 모습 5 누마루의 장귀틀과 동귀틀이 완성된 모습

1 난간의 마루귀틀이 완성된 모습(치마널과 지방이 설치되기 전의 모습) 2 마루귀틀에 지방과 치마널을 설치하는 모습 3 누마루의 마루귀틀의 막힌장부 맞춤된 모습 4 치마널과 마루귀틀 위에 지방이 설치된 모습 5 마루귀틀에 치마널이 설치된 모습

목조 난간은 그 목적, 구조, 형태 재료, 위치 등에 따라 여러 종류가 있다. 상층마루에 두른 난간을 층랑(層欄), 누란(樓欄)이라 하며, 기둥 바깥쪽 툇마루에 두른 것을 헌함(軒檻)이라 한다. 모양에 따른 난간의 종류에는 평난간(平欄干), 곡난간(曲欄干)이 있는데, 평난간은 동자모량에 따라 계자난간(鷄子欄干)과 교란(交欄)으로 구분한다. 회랑(回廊)에 두른 것을 회랑난간, 계단 옆에 있는 것을 계단난간이라 한다. 이외에도 보좌, 줄단의 주위에 두른 난간을 보란(寶欄)이라한다

◎ 계자난간의 각 명칭과 맞춤의 모습

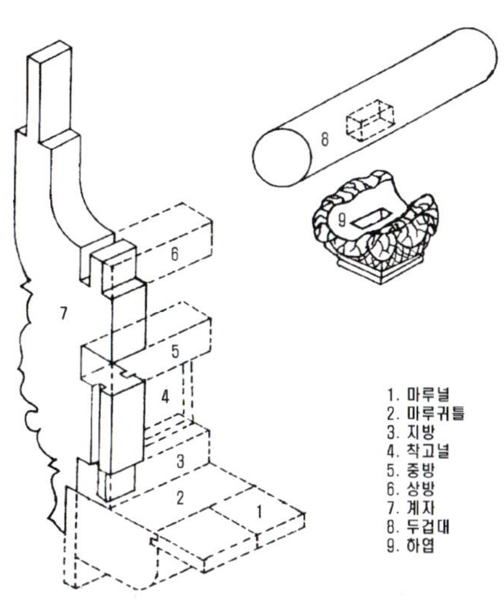

누마루가 완성될 시점(12일)에 누마루 외부공간인 난간마루와 난간 설치에 대한 의견들이 목수들 간에 오고갔다. 최초 도면에는 누마루에 부속된 난간마루의 폭이 제시되지 않은 까닭에 현장에서 난간계획이 시작되었다. 본 마루 난간 공사에서 사용된 자재의 경우 7치×5치(21㎝×15㎝)의 크기의 마루귀틀

에 1자(너비)×1.5치(두께)의 치마널이 고정되었고, 그 위에 ㅁ 3치각(9㎝)의 지방이 고정되고, 3치(9㎝)두께의 계자각이 설치되고 계자각과 계자각 사이에는 착고널이 끼워지고, 계자각 위에 난간 두겁대를 받치는 소로 형태 올렸다. 그리고 상방이 생략되고 지름(7.5㎝)의 난간 두겁대가 시공되었다. 누마루의 머름대에서 난간까지의 폭은 2자 3치(69㎝)로 결정되었으며, 지방에서 착고널까지의 높이는 36㎝(1자 2치), 난간동자 모양으로는 계자난간 형식으로 시공되었다. 일반적으로 계자난간의 시공순서는 다음과 같다.

◎ 난간 시공 순서

계자각의 두께는 2~3치 정도로 나비는 최소 6치 보통 8~12치로 큰 것은 1.5자까지도 할 수는 있다. 계자각은 지방에 내닫이 장부로 견고하게 설치하고 필요에 따라 열체서 산지치기로 한다. 지방(地札), 띠장의 크기는 2치각, 2×3치, 3치각 등을 쓰고 대개 장방형 단면을 쓸 때가 많다. 지방은 귀틀에 견고하게 못 박아댄다. 띠장은 지방보다 작은 치수를 쓰기도 하며 계자각에 통 물리고 못질한다. 착판의 두께는 6푼 내외 복판에는 안상(眼象)을 뚫어내고 사면 널홈에 끼운다. 치마널은 귀틀의 옆막이로 두께는 8푼 정도로 하나 나비는 귀틀재가 감추어질 정도로 상당히 넓은 것을 써서 귀틀재에 못을 박아댄다. 하엽(호리병, 동물상, 소로 등 여러 형태)은 난간두겁대의 1/3정도가 감기고 밑은 계자각의 목에 낸 장부를 꿰고 나와서 위의 난간 두겁대까지 장부맞춤으로 한다.

1 본에 의해 조각된 계자난간 모습 2 지방에 계자각이 걸려있는 모습 3 계자 사이로 착고널 끼우는 모습 4 계자난간이 완성된 모습

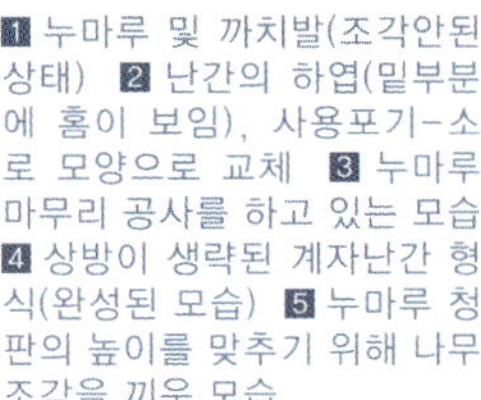

1 누마루 및 까치발(조각안된 상태) 2 난간의 하엽(밑부분에 홈이 보임), 사용포기-소로 모양으로 교체 3 누마루 마무리 공사를 하고 있는 모습 4 상방이 생략된 계자난간 형식(완성된 모습) 5 누마루 청판의 높이를 맞추기 위해 나무조각을 끼운 모습

④ 마루 마무리 공사

작년(2003년)에 목공사를 하던 목수들이 4월 말부터 다시 일을 하기 시작했다. 작년에 미루어 두었던 마루 공사 마무리를 위해서이다. 목수들의 말에 의하면 공사 초기 완전히 건조되지 않은 목재를 사용하여 목공사를 시작했기 때문에, 시간의 흐름에 따라 나무의 불균형한 수축으로 인한 마루의 뒤틀림과 속갈램 등의 현상은 초기에 작업한 마루 곳곳을 벌어지거나 맞춤이 어긋나도록 해 틈이 생길 수가 있다고 했다. 이런 수축에 의해 생긴 벌어짐과 틈을 없애기 위하여 마루 공사 초기작업이 마무리된 후(2003년 11월 초 마루 공사가 이루어 졌음) 몇 개월 동안 건조시킨 다음, 충분한 건조가 이루어진 뒤(본 공사에서는 동절기 포함 약 6개월 건조) 다시 장귀틀과 동귀틀 사이로 청판을 다시 꼭 끼워 빈틈을 없애는 작업을 한다는 것이다. 이때 초기 작업시 미루어 두었던 청판의 막장 끼우는 작업과 마루면을 대패(요즈음은 기계대패 사용)로 밀어 마루의 수평면을 고르는 작업도 동시에 이루어진다. 그래서 마루면 대패질은 공사 마지막 시점으로 최대한 늦추는 것이 이런 변형 등을 최대한 방지할 수 있는 방법이기도 하다. 특히 크게 갈라짐이 생긴 곳에는 나무 조각 또는 톱밥과 본드를 혼합한 것으로 벌어진 틈 사이로 밀어 넣어 메우기도 했다.

마루 고르기 작업이 어느 정도 마무리되자 5월 초순경에는 마루를 제외한 목재 부위에 목재 오일스텐 바르기 공사가 진행되었고, 마루에는 나무의 자연색을 조금 더 진하게 하기 위하여 무색 우레탄에 색조를 섞어 마루에 바르는 작업이 이루어졌다. 우레탄으로 코팅을 하는 이유는 현실적으로 코팅하는 것이 마루를 보호하고 수명을 연장시키는 제일 적합한 마루관리 방법인 동시에 마루원판을 보존하는 기능을 하기 때문이다.

5월 초순경 우레탄 작업이 끝난 후 안방과 작은방의 난방 공사 작업 등이 남아있기 때문에 마루면 위를 보호하기 위하여 비닐과 천으로 덮어두었다. 그러나 6월 중순경(6월 22일) 건축주가 마루면의 나무결을 자연 그대로 살리기를 원하는 의견으로 인하여 비닐

1 무광 우레탄 2 투명 우레탄 재료 3 우레탄을 바르기 전 작업모습 4 갈아낸 찌꺼기를 청소하는 모습 5 우레탄을 마루에 칠하는 모습 6 청판의 막장 마무리 작업

과 천을 벗겨내고 다시 마루 우레탄작업이 이루어졌다.

작업 순서는 5월 초순경에 이루어진 색조 우레탄을 전동 사포로 갈아내는 작업과 모서리 부분의 우레탄을 벗겨내는 작업이 이루어졌다. 그 다음 진공청소기로 진동전동기로 갈아낸 찌꺼기를 청소하고 다시 무색의 우레탄을 마루면에 초벌칠을 했다. 그러나 이렇게 칠하는 과정에 칠해진 마루면에 우레탄의 미세한 기포가 생기기 때문에 초벌 후 어느 정도 건조시킨 후 다시 전동사포기로 갈고 두, 서너 번 칠을 하게 된다. 본 작업에서는 위의 작업을 3번 반복하여 칠했다. 이렇게 함으로써 코팅우레탄 칠에서 생길 수 있는 기포를 없앨 수 있다고 한다. [마루코팅 전문업체 마루지기에서 시공, http://www.maruzigi.com 참조]

일반적으로 아파트 등에서 많이 사용하는 온돌마루의 경우에는 투명우레탄을 사용하지 않는다. 온돌마루의 경우에는 합판으로 만든 경우가 대부분이라 투명 우레탄이나 니스를 바르는 경우 뒤틀어지는 부작용이 생기게 된다. 그러나 통나무로 만든 전통마루의 경우에는 내수성이 강한 투명우레탄을 사용하여 코팅 한다고 한다.

1 수축된 청판을 다시 꼭 맞게 끼우는 모습 2 마루를 대패로 고르고 틈을 메우는 작업모습 3 우레탄을 칠하기전 마루가 완성된 모습 4 초기 마루에 바른 우레탄(나무색을 진하게 칠한 것) 5 전동진동기로 초기 색조우레탄을 갈아내는 모습 6 진한색 우레탄을 갈아낸 후 투명 우레탄을 바른 모습 7 초기 색조우레탄을 갈고 무색 우레탄을 바른 모습

흙벽 공사

전통 외벽의 개요 및 틀 잡기

① 전통 외벽 개요

우리나라 전통 벽에는 일반적으로 사용하는 심벽(心壁), 방화장벽(火防壁), 판장벽(板墻壁)으로 크게 나눌 수 있다. 심벽(心壁造)의 경우 기둥, 인방, 벽선, 문선 등의 수장재가 노출되어 보이는 형태로 실내 · 외 모두 사용하고, 방화벽의 경우 기둥의 일부가 벽체 속으로 들어가는 형태의 벽으로 일반적으로 화재시 불이 번지는 것을 방지하기 위하여 사용하는 벽으로 주로 외장벽으로 사용한다. 판장벽은 벽의 재료를 판재를 사용하여 벽을 형성한 것이다.

흙으로 벽체를 바르면 '토벽'이라 부른다. 중깃에 의지해서 엮은 외에 여물 섞인 진흙덩이를 한쪽에서 바르고 바른 흙이 꾸둑하게 될 즈음에 반대편에서 진흙으로 맞바르면 '맞벽'이 되며 말쑥하게 벽체가 정리가 되는데 이를 '초벽 쳤다'라고 한다. 초벽이 마르면 진흙 점력 때문에 얼음 터질 때 생기는 금처럼 수없이 갈라진다. 이를 '빙열(氷裂)졌다'라고 하며 빙열로 갈라진 틈에 흙이 들어가게 흙손으로 꾹꾹 눌러가며 다시 바르면 '새벽(砂壁)' 이 된다. 새벽은 '석비레' 인 백토로 바르는 것이 보통이다. 석비레가 찰지지 못하여 점력이 약할 때 백토에 진흙을 약간 섞어 쓰기도 한다. [우리의 한옥, 현암사, 신영훈, 2000년, p.337]

초기 흙벽 작업(초벽)때 사용되는 흙은 진흙+물+짚으로 반죽되어 사용되는데, 짚은 흙이 갈라지면서 떨어지는 것을 방지하는 역할을 하는 것으로 일반 건축물의 무근콘크리트가 갈라지는 것을 방지하기 위하여 시공 때 사용하는 철망 역할을 한다.

흙벽의 공사 순서는 맨 처음 홑벽(한쪽벽면에 흙을 바르는 작업: 初壁塗) 작업이 이루어지고 다음 맞벽작업(초벽한 벽의 반대편에 흙을 바르는 작업: 合壁塗) 이 이루어지는데 이때 홑벽과 맞벽을 바르고 작업이 이루어진 다음, 재벽 바르기 작업이 쉽게 이루어지도록 표면을 거칠게 만들어 놓는다. 여기까지 작업을 초벽(初壁)작업이라고 한다. 빙열로 갈라진 틈에 다시 바르는 재벽마름 또는 새벽(再壁塗, 砂壁)작업이 이루어진다. 굴림백토로 새벽을 바르고 새벽작업 위에 다시 바르는 방법은 재새벽(再砂壁)이라고 부르고 면벽(面壁)이라고도 한다. 형편이 넉넉하거나 벼슬이 높아 행세하는 집이면 그 위에 다시 강회(生石灰)를 써서 덧바른다. 석회로 면회(面灰)하였다고도 하고 분벽(粉壁)하였다고 한다. 강회:백토:모래=1:1:1의 비율로 섞어 삼화토를 만들어 쓰는데, 완성되면 백자(白磁)빛의 하얀 분이 오른다. [한국건축대계Ⅷ, 장기인 외, 1990, 보성각] 재료의 흙벽에 의하면

◎ 흙벽(心壁)작업 순서

초벽의 바름 두께는 6.0~7.5㎝ 정도이고 재벽까지 합하여 7.5~9.0㎝정도로 정의하고 있다. 공사인부(문화재 관리청 기능보유자 류제호(등록번호2363)씨)의 말에 따르면 초벽과 맞벽이 완전히 건조되어야지 다음 작업으로 이어질 수 있다고 하지만 공사일정 때문에 완전히 건조되지 않았을 때도 다음 작업으로 이어지는 경우가 있다고 했다.

② 현장 청소 / 틀잡기(내 · 외벽에 중깃 설치 작업)

11월 19일 대청마루 작업을 끝으로 올해 목수들이 해야 할 일들은 어느 정도 마무리된 것 같았다. 현장 역시 매일 들리던 기계톱 소리도 들리지 않고 목수들마저 빠져나간 상태라 현장은 조용한 분위기에서 벽체의 중깃 작업, 내부 고멕이 공사, 전기배선 공사가 진행되었다. 그리고 현장주변에 여러 잡동사니(기와 파편, 톱밥, 나무토막 등)를 치우는 작업이 19일에 이어 20일까지 계속해서 이루어졌다.

중깃 작업 역시 뼈대만 형성시키고 중깃에 흙을 발라 벽을 형성시키는 작업은 동절기를 피해 내년 봄부터 시작될 예정으로 되어 있다. 벽체를 겨울에 작업하는 경우 흙 속에 포함된 물이 동결되어 있다가 봄이 되면서 해동되면 벽체를 형성하고 있던 흙이 흘러내리는 부실 공사가 되는 경우가 허다하다. 그래서 현장에서 올해 겨울동안에 진행될 작업은 큰방의 난방작업과 작은방의 난방을 위한 구들작업(아궁이 등), 그리고 대청과 각 방과의 경계부(상인방 위쪽-지붕에 의해 삼각형 모양으로 형성된 공간)를 벽돌로 공간을 나누는 작업, 아직 건물 외곽부와 대청마루와 각 방 사이에 남아있는 고멕이 작업, 전기 공사 일부(6장 수장 공사 및 부대 공사에서 상세히 설명) 정도이다.

현대 건축 공사나 옛날 건축 공사나 동절기의 작업은 공사인부에게도 추위로 인하여 작업능률이 떨어질 뿐 아니라 사용되는 재료가 추위로 인하여 제대로 재료성능을 발휘하지 못하여 부실 공사로 이어질 우려가 있기 때문에 동절기 동안은 공사를 중지하는 것이 일반적이다. 그러나 최근 우리 주위에서 이루어지는 공사들은 지체상환금 등의 문제로 인하여 공사기간을 맞추기 위하여 동절기에도 보온양생하면서 공사를 진행시키는 경우를 흔히 볼 수 있다. 이런 경우 공사 준공 후 하자가 생길 수 있다. 특히, 동절기 물공사는 피해야 할 공사 중 하나이다. 좋은 사례로는 서궐(경희궁), 창경궁 등의 조영과정에서도 10월에서 2월말까지 약 5개월간 동절기로 인한 공사공백을 두었다는 기록이 있다. [조선후기궁궐건축의 조영에 관한 연구, 김동욱, 문화재연구소 참조]

현장은 조용한 분위기 속에서 11월 말 정도에 올해 진행되어야 할 공사는 마무리될 것 같았다. 그러면 뼈대만 세워져 있는 이 건물을 동절기 동안 어떻게 관리할 것인가가 중요하다. 요즈음 목조가옥에 사용하는 나무의 경우 대부분 완전한 자연건조가 되지 않은 상태이기 때문에 비와 눈으로 인하여 변형이 생길 수도 있고 그리고 완전히 건조되지 않은 상태에서 결구가 이루어졌기 때문에 건조되면서 나무가 갈라지는 경우가 생길 수 있다. 사실 본 현장에서도 구조부를 형성하고 있는 일부분의 목재에서 갈라지는 현상이 보였다. 비록 공사마무리 시점에서 갈라진 목재부분을 합성수지에 톱밥을 섞어 메우는 방법 등으로 처리하겠지만 공사 중지 기간 동안의 관리에 만전을 기울려야 될 것 같았다. 목조 한옥의 특징 중 하나가 사람이 사는 동안에는 든든하던 집도 사람이 살지 않고 공가(空家)가 되는 순간부터 급속하게 쇠퇴해지는 경향이 있다. 현장 소장 역시 현장에서 공사가 재개될 때까지의 관리를 걱정하고 있었다.

11월 12, 13일 양일에 걸쳐 중깃대와 가시새(힘살), 그리고 이것을 삼으로 잇는 건축물 외부벽의 토벽 뼈대 공사가 시작되었다. 사용재료와 시공은 중깃대로 사용되는 지름 1치(3㎝) 물푸레나무를 1자(30㎝)간격으로 배치하고, 가시새로는 대나무를 가로로 되고, 중깃대와 가시새를 삼으로 잇는 순으로 이루어졌다. 일반적으로 중깃대를 하인방과 상인방에 고정시킬 때에는 상인방 장부구멍 하인방보다 깊게 파, 상인방에 먼저 꽂고 하인방에 내려 끼우는 방식(창문 끼우는 방식)을 사용한다. 본 공사에서 이러한 방식으

1 상인방에 홈을 내어 중깃을 고정한 모습 2 대청과 방사이의 고멕이벽 모습 3 중깃과 가시새를 묶어주는 삼줄

로 진행되었다. 그리고 중깃대와 가시새 잇는 것은 삼을 사용했다. 일반적으로 짚으로 하는데 짚의 경우 겨울철에 잘 부서지는 단점이 있어 삼으로 대체되었다. 본 공사에서도 토벽은 겨울 시공시에는 하자 발생 요인이 많은 이유 때문에 뼈대를 먼저 시공하고 토벽의 초벽과 새벽 공사는 봄으로 미루기로 했다.

4 주변이 깨끗하게 정리되고 조용한 느낌의 현장 5 중방에 홈을 내고 중깃을 고정시키고 있는 모습 6 토벽-중깃(지름1치(3㎝)을 1자 간격으로 배치하고 가시새를 삼으로 엮어 놓은 모습 7 중깃이 보이는 전통민가의 토벽 8 외곽기둥(특히 쌍사부분)에서 갈라지는 현상이 보임(11월25일) 9 큰방부분 벽의 중깃 잇기 작업이 완성된 모습

1 흙벽 반죽할때 첨가되는 짚
2 짚이 보이는 토벽(상주 체화정)
3 빙열 사이로 짚이 보인다.
4 흩벽을 바르는 작업모습
5 흩벽(초벽) 후 다음 작업을 위해 표면을 거치게 만들고 있는 모습
6 흙손으로 흙을 옮기는 작업 모습

흙벽 공사

천정의 실링 공사가 끝나고 한달이 지나고 나서야 흙벽 공사가 시작되었다. 흙벽 공사는 흙과 물의 반죽으로 이루어지는 공사인 관계로 겨울철에는 시공할 수 없기 때문에 날씨가 따뜻한 봄부터 공사가 이루어져야 하기 때문에 해를 넘긴 3월(2004)부터 시작했다. 일반적으로 목조건축에서의 흙벽은 기둥의 중심부에 기동보다 가는 인방을 건너지르고 기둥중심에 외(椳)를 엮어대고 여기에 흙(鍊土)을 바르고 회사벽 등으로 마무리함으로써 기둥면은 벽면에 조금 도드라지며 노출된다. 이를 우리나라 전통벽의 일종인 심벽조라 한다. 벽의 두께는 수장재의 두께에 따라 결정된다. 흙벽을 시공할 때 주의할 점은 나무와 흙이 만나는 부분에서의 디테일 처리이다. 나무와 흙은 이질 재료이기 때문에 서로 밀착되지 않고 틈이 생길 수 있고 이 틈으로 외풍이 들어올 수 있기 때문이다. 이를 방지하지 하기 위하여 본 공사에서는 수장재 두께부분에 오목한 부분을 만들어 흙을 수장재 두께보다 넓게 바르는 방식과 외부 흙벽 테두리보다 조금 넓게 졸대를 설치하여 졸대 두께 만큼 흙을 한 번 더 바르는 작업을 통하여 이질 재료의 상이한 수축률을 이용한 외풍을 방지하는 방법을 사용하였다.

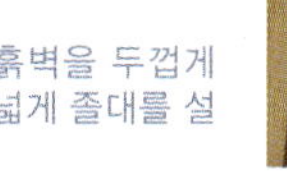

7 맞벽작업 전의 벽의 상세(졸대를 사용하여 흙벽을 두껍게 바를 수 있게 했다.) 8 흙벽 보다 테두리보다 넓게 졸대를 설치한 모양(졸대 흙벽 치기 전)

❶ 흩벽이 이루어진 후 맞벽작업 작업(초벽작업)이 이루어지고 있는 모습 ❷ 초벽(흩벽)이 이루어진 내부벽면의 모습 ❸ 초벽시공 후 벽면이 갈라진 모습 (氷裂) ❹ 초벽작업이 이루어진 내부 모습

마루 공사가 이루어지는 동안에 본 건물의 외벽에 황토로 마무리하는 작업이 이루어졌다. 외벽 역시 초벽 완성 후(3월19일경 외벽 공사-약 한 달간의 기간이 경과되었음) 완전히 건조시킨 후 (빙열이 충분히 생긴 것을 확인 후) 초벽 위에 백색 시멘트(마그네샤)로 재벽 바르기(중벌)한 다음 황토흙(미장 공사 담당자에 의하면 순수한 황토가 아니라 강도를 내기 위하여 어느 정도 다른 재료를 혼합한다고 함)으로 마무리 작업이 이루어졌다. 마무리작업의 두께가 목조 기둥면보다 두껍게 시공됨으로써 외관상 보기 좋게 하기 위하여 마무리된 벽 가운데 자리에 졸대를 돌려 의장상의 효과를 높이고 있다. 내부벽의 경우, 황토벽 마무리작업 후 내부벽의 마감을 위하여 외벽에 각목을 사용한 틀을 외벽에 고정시키는 작업이 이루어졌다. 사실 이렇게 마감이 더해지는 경우 백색시멘트 벽 마감 후(재벽) 각목 틀을 설치해도 가능했을 것이다라는 생각도 했지만, 시공의 정성과 전통적인 방식을 고집하는 건축주의 철학에 의한 것이라 하겠다.

❺ 황토와 혼합할 황색시멘트 ❻ 재벽에 사용될 백색시멘트

1 졸대를 돌려 흙을 한번 더 바른 상세모습 2 황토로 외벽이 마무리된 모습 3 외벽에 백색시멘트 칠해진 모습 4 목재에 칠이 번지지 않게 하기 위한 모습 5 재벽 후 황토로 마무리하는 모습 6 토벽에 백시멘트로 재벽한 모습(황토 마무리 전 모습) 7 황토로 외벽이 마무리된 모습 8 외벽이 마무리된 모습

주요용어정리

마루란?

중부지방에서는 주로 '대청'이라고 부르고, 남주 호남지방에서는 '대청'과 별도로 '마래'가 설치되며, 동부 영남지방에서는 '안청'으로 불리고, 북부 영남지방이나 강원도에서는 '안마루'로 불린다. 또한 '마래'나 '안청', '안마루' 등이 벽과 문으로 구획되는데 비해 '대청'은 마당을 향해 개방되어 있는 등 형태상의 차이도 있다. 기능상으로 보면 '대청'은 마당과 방을 연결하는 전이공간이며, 제사를 비롯한 의례가 치러지는 의례공간의 성격을 갖는다. '안청'이나 '마래'는 주로 곡물을 수장하는 도장의 역할을 하며 동선을 연결하는 데 사용되지는 않는다. '안마루'는 주로 집중형 주거에서 나타나고 있는데, 봉당과 각 방을 연결하는 전이 공간이며 여름철에 취침과 식사가 이루어지기도 한다.

마루 바닥에 사용되는 널을 마루널, 마루판(抹樓板), 당판(堂板) 또는 청판(廳板)이라 하고 이 청판이 변하여 일반 널재(板材)의 뜻으로 통칭되기도 한다. 마루바닥은 마루창이라고도 하며 널을 깐 칸을 마루방(抹樓房), 마루청(抹樓房)이라 하며 넓은 마루청을 대청(大廳)이라 한다. 긴 널을 깐 것을 장마루(長抹樓), 우물마루와 같이 마루널이 짧게 된 것을 동마루(童抹樓), 두꺼운 널을 쓴 것을 널판마루, 널의 나비가 일정치 아니한 것을 막나비널마루(亂幅板抹樓)라 한다. 마루널을 모아서 넓게 펴가는 것을 쪽매라하고, 마루널의 종류에 따라 여러가지 쪽매법을 쓰고 있다.

◎ 장귀틀(長耳機)

전면기둥에서 후면기둥까지 통재로 건너지르고 이어 쓰지 아니하는 것을 원칙으로 한다. 다만 방 옆이나 측면 또는 전후 벽면 하인방 옆에 대는 장귀틀은 기둥에 물린 동귀틀과 직교하면서 이어지게 할 수 있다.

◎ 동귀틀(童耳機)

장귀틀에 직각으로 건너대어 마루널을 끼어 재는 재이며 장선겸 작은보의 구실을 하는 것이다. 이것은 또 한편에는 기둥에, 다른 편은 장귀틀에 물릴 때도 있다. 동귀틀의 나비는 최소 6치, 보통 8치 이상으로 하되 장귀틀보다는 한두치 좁은 나비로 한다. 두께는 나비와 같거나 그보다 한두치 작은 것을 쓸 때가 많다.

◎ 청방(廳枋)

장귀틀 바로 밑에 기둥과 기둥사이에 꿰찌른 장여모양의 중방으로서 기둥과의 맞춤은 통

맞춤으로 하고 때로는 꿰뚫어 넣고 빼목을 길게 내어밀어 둘 때도 있다. 중방재와 같은 치수를 쓰지만 칸사이가 클 때는 상당히 큰 단면으로 할 수 도 있다. 청방은 기둥마다에 통파 넣는 것이 원칙이며, 통 넣고 되맞춤으로 한다.

마루의 종류

마루는 놓는 방법과 위치에 따른 쓰임에 따라 그 종류가 나누어진다. 마루를 놓는 방법에 따라서는 우물마루와 장마루가 있고, 쓰임에 따라서는 대청, 툇마루, 쪽마루, 들마루, 누마루 등으로 다양하다.

◎ 우물마루(耳機抹樓)

봉화 계서당-대청마루(우물마루)

대청이나 마루칸의 전후기둥에 장귀틀을 건너지르고 거기에 직각으로 동귀틀을 걸은 사이에 짧고 넓은 널을 끼워댄 마루를 우물마루 · 귀틀마루(耳機抹樓), 또는 고물마루라고도 한다. 우물마루는 지층에서도 쓰이고 이층 누마루에도 쓰인다.

◎ 장마루(長抹樓)

장마루는 이층마루나 누마루, 그리고 광이나 다락에 주로 깔았던 마루구조이다. 장마루의 구조를 보면 장선(長線)과 멍에를 만든 후 좁고 긴 널판을 나란히 붙여 깔기 때문에 평행한 선들이 많이 나타나고 중간 중간 직각으로 이음선들이 나타난다. 오늘날에는 이 장마루가 우물마루보다 널리 사용되고 있다.

◎ 툇마루

봉화 만회고택-툇마루

건물의 툇칸에 놓는 마루를 지칭할 때도 있고 또 변두리 기둥 바깥에 꾸며 놓은 마루도 툇마루라 하지만 이들을 구분하여 툇칸마루, 바깥툇마루라 한다. 일반적으로 고주와 외진주 사이 툇칸에 만들어지는 마루를 의미하기도 한다.

◎ 쪽마루

한 장의 넓은 널을 방 앞이나 대청마루 바깥쪽에 놓아 디디고 오르내리기에 편하도록 꾸민 툇마루로 널의 나비는 1~1.5자, 보통 1.2자 정도이고 두께는 8푼 내외로 한다. 대부분 마루 한쪽은 외진주에 의존하지만 바깥쪽은 따로 기단에 짧은 동바리 기둥을 받쳐 마루를 놓게 되며 툇마루 보다 폭이 좁다.

◎ 누마루(樓抹樓)

장마루 형태의 누마루(樓抹樓)

1층 마루를 지면에서 높게 놓은 것을 누마루라 한다. 양반가에서 보통 사랑채 한쪽에 누마루를 놓는 것이 일반적인데 조선후기부터 시작되었다고 한다. 누(樓)와 다락은 같은 뜻이지만 그 내용은 다를 때가 있다. 주택에서는 일반 방바닥이나 대청마루 바닥보다 일단 높게 놓은 것을 누마루라 하고 이층으로 된 것을 층루(層樓) 또는 층 다락이라 해야 정확한 표현이다.

난간의 종류

◎ 계자난간(鷄子欄干)

난간 동자주가 바깥으로 삐쳐 나온 난간을 말한다. 난간동자(欄干童子)는 두껍고 넓은 평판을 위쪽이 밖으로 삐쳐 나온 형태로 오려내어 만들어진다. 이러한 난간동자를 계자각(鷄子脚)이라고 한다.

◎ 교란(交欄)

난간동자와 기둥사이에 가는 살을 짜 넣어 장식한 난간을 말한다. 살 모양에 따라 아자(亞子)교란, 완자교란, 빗살교란 등이 있다. 교란은 아래쪽에 궁창판을 두고 위에 살을 짜서 넣은 것과, 살만을 짜서 넣은 것이 있으며, 위쪽에는 하엽, 호리병, 동물상, 소로 등을 받쳐서 난간 두겁대를 댄 것도 있다.

◎ 곡난간(曲欄干)

난간 두겁대가 꺾여 들거나 휘어 오른 듯이 구부러진 난간을 말한다. 난간의 끝부분에서 난간 두겁대의 끝머리가 휘어 오른 것을 뜻하기도 한다.

구조상	난간높이 · 형태상	구성재의 모양상	난간동자 모양상
· 벽난간(壁欄干) / 부란(扶欄) · 동자기둥난간 (童子柱欄干)	· 평란(平欄) · 고란(高欄) · 곡란(曲欄) / 구란(勾欄)	· 교란(交欄) · 아자교란 (亞字交欄) · 완자교란 (卍字交欄) · 파완자교란 (破卍字交欄)	· 계자난간 (鷄子欄干) · 개다리 헌함 (狗足軒檻) · 하엽동자난간 · 조롱동자난간

계자난간-부석사 범종루

亞子교란-창덕궁내 건물

곡난간-창덕궁내 건물

전통 벽의 종류

◎ 화방벽(火防壁)

초벽한 벽체 바깥에 다시 사고석(四塊石)으로 여러 켜 축조한 담장구조로 돌과 벽돌로 축조하는 이 벽체는 두께가 매우 두껍고 기둥 밖으로 돌출하므로 돌출부에 '용지판'이라는 나무판재를 사용한다. 돌과 벽돌의 사춤에는 삼화토로 '화장줄눈'을 굵게 사용하며, 불에 강한 돌과 벽돌을 사용함으로 방화 기능도 뛰어나다.

창덕궁 낙선재의 화방벽

◎ 전통토벽(心壁)

일반적으로 흙으로 벽체를 바르면 '토벽'이라한다. 중깃에 의지해서 엮은 외에 여물 섞인 진흙덩이로 막아 짓눌러 바르는 것으로 중

것을 기준으로 양쪽으로 바른다(초벽작업). 진흙이 어느정도 건조된 후, 진흙 위를 백토로 마무리하여 우리가 일반적으로 보는 하얀색 벽으로 만든다.

경북 상주 체화정 외벽

◎ 판장벽(板墻壁)

외벽의 재료로서 토벽, 화방벽도 아닌 판재를 사용하는 판장벽도 있다.

창덕궁 연경당 외벽

흙벽 관련 용어

◎ 새벽질(砂壁塗)

초벽 위 · 중간에 바르는 일은 재벽 바르기 또는 새벽질이라고 한다.

◎ 재새벽(再砂壁)

백토를 앙금 앉혀 고운 분말로 만든 것을 진흙을 묽게 푼 물과 이겨 만든 흙으로 바르는 마감벽체로 마르면 흰바탕에 붉은 기가 따뜻하게 감돌아 다정한 맛이 남.

◎ 매흙 또는 감탕

흙벽 · 재사벽 바름이 끝난 다음 흙벽의 표면을 곱게 바르는 데 쓰이는 검푸른 색을 매흙 또는 감탕이라 하며 이것을 물에 풀어서 곤죽처럼 된 것을 칠하는 일을 매흙질 또는 맥질이라 함.

◎ 분벽(粉壁)

백토에 강회(剛灰)를 섞어서 만든 흙을 바른 토벽으로 토벽 중에서는 마감이 가장 고급스러우며 여염집에서도 좀처럼 보기 어렵다.

◎ 중깃 / 가시새 / 힘살

중깃은 상 · 하인방에 세워서 욋가지를 엮어 매는 가는 나무를 의미한다. 중계(中架), 중금(中衿)이란 한문자 표기도 있고 중깃대(中衿木, 中衿竹), 벽중깃 등의 별칭이 있다. 중깃의 두께는 벽인방 두께의 1/3~1/2 정도로 하고 나비는 1~2인치 정도로 한다. 초가 등에서는 지름 1~1.5치 정도의 가는 통나무를 쓰기도 한다. 간격은 기둥 벽선 옆에는 2치 정도를 띄우고, 중간간격은 1~1.5자, 보통 1.3자 간격이 알맞다.

가시새는 중깃에 매어 가로외(눌외)를 보강하며 세로외(설외)를 얽어매는 가는 나무이다. 댓가지, 가는 나무 또는 보다 굵은 욋가지를 쓰기도 한다.

힘살은 중깃 사이에 세워서 외를 보강하거나 얽어매기 위하여 대는 튼튼한 욋가지이다

목재 수축(木材 收縮)

목재는 섬유포화점에 이를 때까지는 건조되어도 수축하지 않으나 그 이상 건조하면 수축되고 건조 후 흡습하여 섬유포화점에 이르면 팽창하지 않는다.

생나무에서 전건(全乾)상태에 이르는 체적수축률은 약 8~17%이고 곧은 결 방향은 2.3~4.8%, 널 결방향은 5.7~12.7%이다. 또 세로 방향(섬유방향)의 수축은 0.1~0.33%이나 실제 기건상태에서는 생나무 수축률의 1/2~2/3 정도이므로 길이 방향도 수축되지만 사용상 문제 될 것은 없다. 일반적으로 급속 건조 처리한 목재는 완만히 건조된 것보다는 수축이 적다. 불균형한 수축은 건조균열과 변형을 일으킨다. 부분 건조차 · 섬유방향수축차 · 밀도차 등으로 재내에 내응력을 일으켜 속갈램 · 뒤틀림 등이 생긴다.

수장 공사 및 부대 공사

수장(修粧) 공사

흙벽을 쳐야 할 부분 상부에 인방(引枋)을, 가운데 부분에 중방(中枋)을, 아래쪽에는 하방(下枋)을 드린다. '드린다'는 말은 기둥 사이에 건너질러 고정시킨다는 뜻이다. 인방, 중방, 하방을 통칭할 때는 수장재(修粧材)라 부른다.

2003년 10월 11일까지 지붕 공사(덧서까래의 개판작업은 제외)가 끝나고 12일부터 20일 까지 수장 공사가 이루어졌다. 지붕 공사가 끝나면 와공들의 기와 잇는 작업으로 연결되고 동시에 목수들은 기둥사이에 인방, 중방, 하인방과 문지방, 머름대와 문얼굴을 조성하기 시작한다. 이를 '수장 들인다'라고 하는데 다름 아닌 벽체와 문짝과 마루 놓을 골격을 형상하는 일이다. 지붕 공사 다음 수장을 들이는 것이 일반적인 작업순서인데 이유는 한옥이 조립식 구조이기 때문에 지붕의 하중(보토와 기와 등의 무게가 합쳐진 상태)이 없는 상태에서 수장을 들이면 지붕 공사 후에는 지붕하중으로 인하여 수장재에 변형을 가져올 수 있기 때문이다.

본 공사에서는 일요일(10월 12일) 비(雨)로 인하여 와공들이 철수함으로써 기와 공사가 중단되고 목수들에 의한 수장작업을 위한 수장재 치목과 수장재 공사가 동시에 이루어졌다. 한 건물에 사용하는 수장재는 단면 폭이 대부분 똑같게 치목된다. 그리고 수장의 폭이 벽의 두께가 된다. 한옥에서는 건물에 설치되는 문과 창은 그 크기와 모양을 비롯하여 개폐방식이 비슷하여 크게 구분하지 않는다. 그러나 용도상으로 구분하자면, 문은 주로 사람의 출입을 위한 것이고 창은 환기와 일조를 위한 것(전통건축의 창은 창호지로 인하여 조망은 불가능하지만 현대건축에서 창의 경우 유리로 인하여 조망도 가능하다)이다. 또한 창호는 벽체를 구성하는 부분이면서 동시에 개폐가 되어 빛 · 공기 · 소리 · 물체가 통과하는 곳이 되며, 주택에서 창호가 차지하는 기능적이고 미적인 면에서의 비중은 대단한 것이다. 문골(門骨)은 출입구 또는 창문을 다는 개구부를 뜻하며 문얼굴, 문어리 또는 '어리' 라는 말과도 통하며 창문짝의 울거미를 뜻하기도 한다. 한국 건축에서는 창문틀이나 개구부에 창문틀을 따로 짜서 끼워대는 일은 적고 대개 상 · 하에 인방 또는 홈대를 기둥에 건너지르고 좌우에 수직으로 벽선을 세워대고 창문을 다는 것이 보통이다. 이때 기둥에 장부구멍을 파고 바로 끼우며 벽선은 하방과 인방 사이 또는 하방과 중방, 중방과 인방사이에 나누어 설치하기도 한다. 수장 끼우는 홈을 기둥에 파는데 한 구멍 크게 파면 '통장부 구멍(홈)' 이라하고 두 가닥으로 나누어 파면 '쌍장부 구멍(홈)' 이라 부른다. 이때 홈에 맞추어지는 수장재도 '통장부 촉' 과 '쌍장부 촉' 으로 다듬는다. 기둥을 세운 채로 수장을 드리는 작업을 하는데 기둥 간살이보다 긴 수장재를 끼우면서 특수 기법인 '문열이법' 을 쓴다. '문열이법' 은 한쪽 '가' 기둥 홈을 다른 편인 '나' 기둥보다 깊이 파는 방식을 말한다. 깊이 판 '가' 기둥으로 먼저 수장재를 밀어 넣었다가 수장재가 '나' 기둥 안통으로 들어서면 '가' 기둥 깊은 쪽에 들어갔던 수장재를 뒤로 물리면서 '나' 기둥 홈에 촉이 가득 차도록 밀어 넣는다. 깊은 홈에 들어갔던 쌍장부 촉이 빠지면서 수장재는 양쪽 기둥몸에 알맞게 결구된다. 가랑이 사이에 나무쐐기를 단단히 박아 깊은 홈으로 다시 들어갈 수 없게 제동하면 비로소 고정된다. 쌍장부는 두 가닥 장부 구멍 사이에 기둥 몸의 살점이 있으므로 쐐기를 박으면 수장이 고정된다. 작업이 진행되면서 고정된 부분은 벽선을 설치하면서 가려지므로 쐐기 박은 모습은 보이지 않는다. 전혀 못을 박지 않아서 완성된 뒤에는 어떻게 결구 되었는지 알아보기 어렵다.

1 반연귀 맞춤을 위하여 45도자를 이용하는 모습 2 반연귀 맞춤을 위하여 만들어놓은 문설주의 위와 아래 부분 3 문열이법에의한 쌍장부 홈과 반연귀 맞춤을 위한 홈의 모습 4 수장재의 쌍장부 촉의 모습 5 고레(문손잡이 높이)의 쌍장부 홈 6 유압잭을 이용하여 하인방을 올리면서 기둥부위에 쐐기를 박은 모습 7 쐐기를 박아 하인방이 처지지 않고 적절한 높이를 유지하는 모습 8 쌍장부 홈으로 된 수장재가 기둥과 결구되고 다시 벽선이 결구되면서 쌍장부 홈이 가려진다. 9 누마루의 밑부분에는 운형모형의 받침대를 만들어 쐐기역할과 조형적 장식을 동시에 취하고 있다.

본 공사에서는 쌍장부 홈으로 수장재 결구가 이루어져 먼저 창호를 지지할 상인방과 하인방 작업과 머름(遠音)작업이 시작되었다. 인방의 경우 하인방(높이 21㎝/약 7치)과 상인방(높이 18㎝/약 6치) 폭은 4치(약 12㎝)로 이루어져 있으며 상인방과 하인방의 간격은 약 2m10㎝(약 7자-현재 일반적으로 사용하는 문 높이와 동일)높이로 이루어졌다. 하인방의 경우 위의 하중 등을 고려하여 상인방 보다 운두를 높게 잡고 있다. 상인방과 하인방 사이에 수직재인 문설주와 수평재인 고레로 문을 달 수 있는 형태가 이루어진다. 고레의 경우, 문의 손잡이 부분에 위치하여 문을 닫거나 열 때 문설주에게 오는 충격을 완화시켜주는 역할을 하기도 한다.

머름(遠音)은 창틀(창지방)과 그 밑의 하인방 사이에 짧은 동자를 세우고 널로 막아댄 부분을 말한다. 멀원(遠)자와 음(音)의 이두(吏讀)표기이다. 머름을 짠 것을 '머름틀'이라하고 그 한 벌을 '미름 한틀'이라 한다.

■1 문인방, 문벽선, 머름대 등 문얼굴이 형성된 모습 ■2 다림보기추로 문틀의 수직을 조정하고 있는 모습 ■3 기둥의 밋밋한 느낌에 변화를 주기 위해 사용한 '쌍사' 장식. ■4 하인방과 상인방의 크기를 조절하고 있는 모습 ■5 문틀과 상인방의 반연귀맞춤으로 이루어진 모습

머름대의 설치는 인체를 기준으로 하고 있는데, 일반적으로 머름대 높이를 앉은 사람의 겨드랑이 아래 들도록 하고 있다. 가슴팍이 남실거리며 닿을 정도의 높이로 보통 1.8척(약 54㎝)가량인데, 이 높이는 사람이 방바닥에 누웠을 때의 두께 0.9치(약 27㎝)의 두 배에 해당한다. 머름대의 높이는 문갑 등 실내 가구 제작에서 높이를 제한하는 절대 기준치가 되기도 한다. 그리고 머름대는 심리적으로도 안정감을 주며 프라이버시 보장 역할도 한다.

머름대의 높이가 사람의 겨드랑이 아래를 기준 삼는 것이라면 창 얼굴의 인방 높이는 서 있는 사람의 눈높이를 기준으로 한 것이다. 인방까지의 높이는 머름대 높이 1.8척의 3배인 5.3척(약 159㎝)으로 하는 것이 기준이다. 창문 폭 역시 1.8척으로 좌우로 열면 기둥 측면에 닿는다. 그러므로 1.8×4=7.2(척)으로 계산된다. 7.2척을 두 배 하면 14.4척이 되며 여기에 기둥 폭 0.6척을 합하면 15척이 된다.[한옥의 조형, 대원사, 신영훈, p.82]

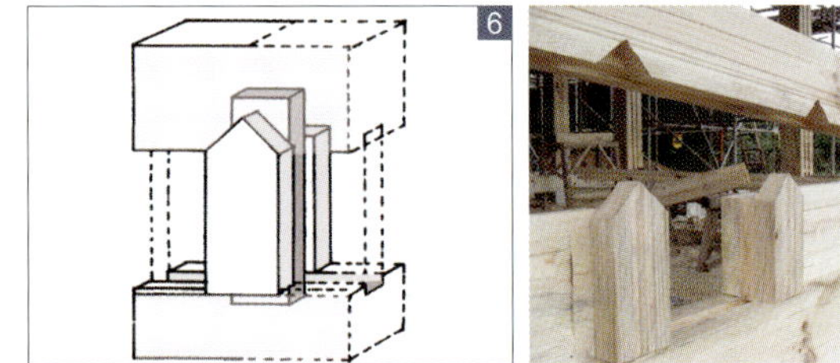

■6 머름대 상방과 하방 그리고 머름동자가 제비추리맞춤을 이루는 모습 ■7 머름상방, 머름동자(솟을동자), 머름청판이 ㅅ자연귀로 제비추리맞춤이 이루어지는 모습

1 하인방 아래 고멕이(庫幕) 부분 2 벽으로 돌출된 수납장 부분 3 칸막이 벽(수장 공사)하는 모습 4 문 벽선과 띠방 공사를 하는 모습

2003년 10월 29일에도 비로 인하여 기와 공사가 중단되었고 내부수장 공사가 다시 시작되었다. 작업내용은 수납장을 위한 칸막이벽과 내부 공간 분할을 위한 칸막이 공사들이 이루어졌다. 그리고 이 시기에서 도면의 단면도에서도 어느 정도 언급되었지만 난방을 위한 방식, 전통적으로 구들장, 고래, 아궁이를 만들어 난방을 하는 방식과 동(銅) 파이프를 사용하여 현대식으로 난방(심야전기 이용)하는 방식 등에 관하여 의견이 오고 갔다. 그러나 각각의 방식은 장단점이 있기에 구들장도 놓고 구들장 위에 심야전기를 이용한 난방을 동시에 하는 것으로 의견이 모아지고 있었다.(구들 공사는 공사 중간에 중단되고 전기방식의 난방방식을 채택하게 됨) 특히, 구들에 의한 난방의 경우에는 굴뚝이 필수적인 사항이었고, 굴뚝자리에 관해서 목수와 현장소장 간에 토의가 이루어졌다. 그리고 고막이(고멕이: 庫幕) 공사와 기단 등을 담당할 편수의 경우 경복궁을 답사한 사진을 보여주며 굴뚝과 고막이 막은 방식 및 재료 등에 대해서 의견을 제시했다.

11월 5일 공사현장에서 설계변경에 대한 의견들이 오고갔다. 다름이 아닌 건물 실에 관한 용도, 즉 용도에 맞는 실(room) 구성 그리고 아궁이의 위치설정 때문이었다. 즉 문골은 공간구획을 결정짓는 작업이기 때문에 문골작업이 이루어지는 시점에 평면 공간구성에 대한 의견들이 나오기 시작했다. ㄷ자 형의 돌출된 오른쪽 방의 아궁이와 방에 부속된 화장실, 뒤편으로 주방 설치 등에 관한 사항이었다. 초기 설계도면(다음 페이지 사진2에서 붉은 색으로 그려진 부분이 도면수정이 이루어지는 부분)에는 방→화장실

1 변경될 부분(주방 공간에서 방 쪽으로 바라본 모습) 2 감리 사무실측에서 설계변경을 위해 제안하는 도면

→주방→다용도 방→화장실 순으로 계획되어 있었지만 공사과정 중에 방→아궁이→화장실→주방(다용도방+화장실의 면적이 아궁이와 주방면적으로 통합)으로 공사가 진행되었다. 즉 공동 화장실이 없어지게 된 것이다. 본 건물의 용도는 지역의 특성에 맞게 학생들의 유교적인 교육의 장으로 활용할 계획으로 건설되는 것이므로 실내에서 생활하는 사람들의 공동화장실이 없다는 것은 문제점이 될 수 있었다(주거용 개인 화장실만 계획.) 그리고 아궁이의 경우 건축물 좌측면의 오목 들어간 부분에 계획하는 것으로 변경되었다. 이 것 역시 건물 측면 중간 부분에서 전면의 방을 구들난방하는 까닭에 굴뚝이 아궁이 반대편인 건축물 전면에 위치시켜야 하기 때문에 건축물 정면의 의장적인 측면에서 문제점이 발생하게 되었다(차후 구들난방을 위한 공사가 진행되었지만 관리문제 및 기타 사정으로 구들난방 공사가 취소되었다.)

감리 사무실측에서는 건물용도를 고려할 때 공동화장실의 필요성과 아궁이의 위치 변경과 사람이 상시 거주하지 않기 때문에 주방의 넓이를 줄일 필요가 있다고 제안했다. 사실 아궁이가 건물쪽으로 삽입된 상태에서 나무에 불을 지피는 경우, 나무가 타면서 생기는 그을음으로 인하여 건물의 벽면과 목재의 변질을 가져올 수 있기 때문이었다.

창호(窓戶) 공사

5월 초순 마루 공사의 마무리와 벽체 마감 공사가 어느 정도 끝날 무렵 창호 공사가 시작되었다. 창호 공사에서 사용되는 창호는 창호제작소에서 울거미를 완전히 제작한 후 본 현장에 반입되었지만, 현장의 문설주 사이 간격과 어느 정도 차이가 생겨 문설주에 창호를 설치하는 과정에 대패를 사용하여 정확한 치수로 맞추는 작업이 우선적으로 이루어졌다. 울거미란 양옥에서는 문틀이라고 할 때에 문짝이 달려 있는 네모난 틀(벽에 고정되는 틀)을 말하지만, 한옥에서는 문틀은 문살이 끼워지는 틀(문살을 감싸고 있는 틀)을 가리키며 이를 울거미라고 한다. 양옥의 문틀 개념에 해당하는 것이 한옥에서는 문지방이나 문설주이다.

본 건물의 창호 계획은 외기와 면하는 부분의 경우 여닫이 형식으로, 내부에는 미서기와 분합문으로 이루어졌으며, 창호지와 유리를 같이 사용할 계획이었다. 사용되는 창호의 종류는 방을 기준으로 앞·뒤쪽으로는 띠살문양의 창호를 대청을 면하는 쪽으로 팔각불발기 호를 설치하였으며, 대청마루 전면에는 완자살 문양의 호를 사용하였다. 창호의 살 모양 선택은 집주인의 취향에 따라 달라진다. 각 문의 인방 위쪽에는 완자 교창(광창)과 광창 중간에는 귀갑모양의 광창(들문 형식)을 설치하였다. 대부분 2겹, 3겹으로 창호가 이루이진 관계로 본 공사에 설치되는 창호의 개수가 약 95개정도(광창 제외)

띠쇠 방환과 지네철 조족정구 철물

되었다. 문짝 1개의 크기는 폭은 450㎜와 600㎜ 정도이며 높이는 사용하는 공간에 따라 차이가 있었다. 대청마루에 설치된 창호의 경우 높이 2,700㎜, 불발기 창호의 경우 2,250㎜, 일반 창호 1,800㎜ 정도이다.

목재창호 공사의 순서는 먼저 반입된 창호를 기존의 문틀에 철물을 사용하지 않고 대패 등을 이용하여 문틀에 창호를 맞추는 작업부터 시작되었다. 문틀에 창호가 맞추기가 어느 정도 끝나고 나면 철물을 창호에 설치하게 된다. 철물은 여닫이문을 열고 닫을 수 있도록 하는 돌쩌귀(정첩)와 손잡이 겸 걸어 잡거는 철물인 문고리, 문고리를 걸기 위한 배목(둥근 구멍이 있어 자물쇠를 채우거나 고리를 끼우는 것) 그리고 국화정(菊花鐵) 등이 사용된다. 문고리의 형상은 원고리 외에 네모, 타원, 호리병 모양으로 된 것도 있으며 고리의 지름은 6~9㎝이며, 큰문에서는 9~18㎝ 정도이고, 굵기는 지름의 약 1/10(5~18㎜)정도이다. 이외 목재 건축에 사용하는 철물이 많은데 대표적인 철물들로는 대문의 판재를 고정하기 위하여 박는 방식의 못인 광두정(廣頭釘) 또는 방환(方環)이 있으며, 모양이 새발 모양으로 생긴 조족정구(鳥足釘具), 맞춤 부분에 사용하는 띠쇠 등이 있다.

경복궁(태화전)-창호의 미끄럼을 위한 둥근 회전용 바퀴의 상세

창호철물 설치가 끝나면 창호에 한지를 바르고, 유리를 끼우는 작업이 이루어지게 된다. 그러나 창호역시 목재인 까닭에 창호지 및 유리를 끼우기 전에 창호 틀에 목재오일을 바르게 된다.

6월 초순(6월 7일)경에는 이중창호 중 내부창호(겹문)작업이 이루어졌다. 창호 인부들의 말에 의하면 초기 창호 작업시 완전히 마무리지을 수 있었지만 창호제작 기간과 창호목수들이 맡고 있는 작업현장이 많기 때문에 작업이 늦어졌다고 했다. 이중 창호작업은 문짝을 세울수 있도록 하는 문틀(이때 이루어지는 문틀은 덧홈대(문틀 아래 · 위 부분)와 주죽(덧홈대의 좌 · 우 문틀)의 연귀맞춤으로 이루어진다)를 기존창호 뒷부분에

국화정과 문고리

감잡이쇠와 고리 철물

여닫이용-돌쩌귀 철물

여닫이문-돌쩌귀 철물

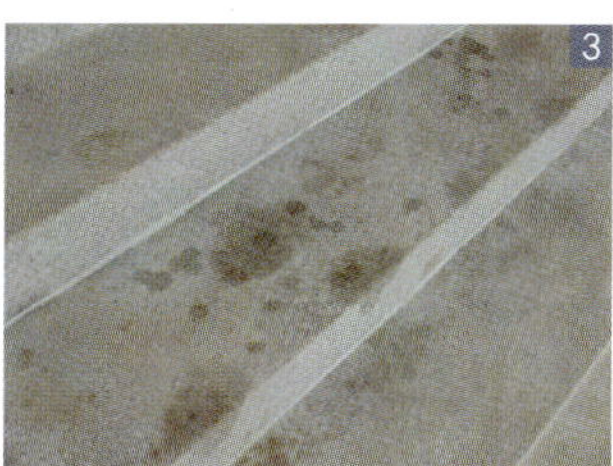

1 배목을 박은 후 뒷모습 2 문고리가 완성된 모습 3 오일스텐으로 얼룩진 기단 모습 4 귀갑모양의 들창 5 연귀맞춤으로 이루어진 문짝 6 문틀-연귀맞춤으로 제작된 모습 7 미서기+여닫이(이중문)의 모습 8 미서기문이 설치된 상태 9 미서기문의 미끄럼을 위한 바퀴 상세

1 대청마루의 작은방의 완자창이 설치된 모습 2 대청마루의 안방에 불발기문이 설치된 모습
3 누마루에 완자창이 설치된 모습

설치하는 작업부터 이루어졌다. 이때 덧홈대는 인방에 숨은 못 치기로 이루어진다. 본 공사에서는 긴 나사로 못으로 고정시켰다. 그리고 대부분 문틀은 홈대(문선: 門楦)에 따라 열고 닫는 미서기 · 미닫이로 이루어진다. 이때 문홈은 나비를 12~24mm. 아래 홈대의 홈 깊이는 3mm~6mm, 상부 홈대의 깊이는 15mm정도로 한다. 두둑나비는 최소 6mm로 하되 바깥두둑은 중간두둑보다 약간 크게 하는 것이 보통이다. 이런 겹창호의 경우 두 개의 창호가 닫혀 중간 부분에 공기층을 이루기 때문에 내부의 에너지를 밖으로 소모되는 것을 방지하는 조상들의 지혜라고 할 수 있다. 외부에서는 목재 오일스텐 바르기 공사가 진행되었다. 목조가구조의 경우에는 목재들이 외부에 노출되어 있는 경우가 많이 있다. 이런 노출된 나무들(서까래, 창호, 대문, 기둥)은 비바람과 눈을 직접 맞고 햇빛에 그대로 노출되기 때문에 쉽게 상할 수 있다.

목재오일은 이런 노출된 목재들의 습기와 벌레로 인한 목재의 부패를 방지하고 나무의 자연 빛깔을 오래도록 유지하기 위한 칠로 보호막과 같은 역할을 한다. 칠하기 전에 먼지 등을 제거하고 목재의 거친 면들을 샌딩(사포로 표면을 다듬는 작업)한다. 샌딩 후 스프레이 등으로 노출된 목재에 뿌리고, 봉에 헝겊 등을 감아 서까래 등 구석구석을 칠하게 된다. 이런 작업 노출된 나무들 외에도 창호의 문살까지 남김없이 칠하게 된다. 어떤 경우에는 드럼통에 오일을 담아 문짝 전체를 담갔다가 건지는 방식을 취하기도 한다. 이렇게 칠하는 동안에 칠은 표피로 침투하게 되면서 코팅을 형성하게 된다. 이런 오일은 무색으로 이루어지고 약 5년을 순환으로 다시 칠해주어야 한다. 통칭 목재의 방충, 방부 등을 방지하기 위해 칠하는 것을 목재 오일스텐이라 불려지고 있지만 종류에는 본텍스, 아마인, 살포용 실리콘 등 여러 가지가 있다. 본 공사에 사용된 종류는 '아마인' 이라는 성분의 목재오일 스텐이다. 5월 말경(5월 22일~5월 25일)에는 오일스텐 작업시 오일스텐이 건물주변의 기단 등에 떨어져 얼룩이진 부분들을 제거하는 작업이 이루어졌다.

1 액체(무색)방부재(목재오일)을 칠한 후의 모습 2 측벽-미서기 창호의 모습 3 대패로 문짝을 맞추는 모습 4 미닫이를 위한 주죽과 덧홈대가 연귀맞춤한 상태 5 누마루 난간 때문에 창호가 접어열수 없는 즉, 제기능을 할 수 없는 상태의 모습

창호 공사가 어느정도 마무리되고 창호목수가 철수한 후 문제가 발생했다. 다름이 아닌 누마루에 연결된 툇마루와 본채 마루와 연결되는 부분에 여닫이 창호가 제 기능을 할 수 없어 누마루에 부속된 툇마루와 본채 마루와의 연결이 차단된 것이다. 다시 설명하면 누마루에 부속된 툇마루와 본채의 마루와 단 차이와 누마루의 난간으로 인하여 본채에 설치된 여닫이 창호가 개폐할 수 없는 고정된 창호로 시공된 것이다.

19세기 상류주택이 갖는 특징들, 즉 집 주변에 조성한 장대한 연못, 세 겹으로 짜여진 정교한 창호, 돌출한 누마루, 담장 등에 벽돌을 이용한 장식 문양 등으로 이 시기 건축 장인들이 달성한 높은 기술수준이 바탕에 있었기 때문에 가능한 것이기도 하다. 특히, 창호의 미세한 치장이 가능한 대패의 발달은 19세기 주택 창호를 전시대와 구분 짓는 한 단계 세련된 것으로 만들 수 있게 하였다.

1 안방에서 외기에 접하는 창호의 경우는 4겹이다. 첫째 접이창호, 두 번째 방충창호, 세 번째 미서기 창호 마지막으로 네 번째 창호의 뒷면을 감춰주는 창호로 이루어져 있다.
2 안방의 경우 세 겹으로 이루어진 문이 시공되었다. 첫 번째 문은 접이문, 두 번째 문은 미서기문, 세 번째 정(井)자 문양의 문으로, 세 번째 문은 단순히 두 번째 문이 열렸을 때 두 번째 문의 후면이 감춰지도록 하는 역할을 하도록 이루어져 있다.

벽지, 창호지 및 장판 바르기 작업

벽지 바르기

낮의 최고온도가 연일 35도로 이어지는 무더운 7월 말(창호 공사가 이루어진지 약 3개월 만에) 벽지 바르기 공사와 동시에 창호 공사가 재개되었다. 공사내용은 창호에 한지를 바르고 유리문, 방충망을 설치하는 작업이다. 벽지를 바르는 인부들에 의해 창호한지가 붙여지고 또한 창호 공사 목수(소목)가 한지를 발라야 하는 곳을 지시해야하는 이유 때문에 벽지 바르기 공사와 창호 공사 재개가 동시에 이루어졌다.

우리나라 전통한지는 닥나무 껍질을 삶아 으깨어 만든, 천 년이 지나도 찢어지지 않는 종이이다. 이런 한지로 창호에 붙이면 문을 열지 않아도 자연환기가 될 만큼 통풍이 좋아 문을 닫아 놓아도 답답함이 없을 정도이다. 한지는 생산지나 쓰임새에 따라 종류가 많은데, 그 중에서도 도배지로는 닥나무의 섬유질이 길고 질긴 장지를 최고로 쳤다. 이런 한지로 방 전체를 바르는 도배를 농선 도배라고도 하였다.

본 공사의 한지 도배는 창호가 차지하는 면적이 많은 까닭에 도배지를 바를 면적이 그리 많지 않았지만 약 7일에 걸쳐 이루어지는 도배 공사 비용이 약 800만원에 이를 정도였다.

1 벌레, 해충 등을 막기위한 방충망과 쫄대 작업 2 광창 부분에 유리 끼우기 위해 쫄대 작업을 하는 모습

우선 대청마루 위의 넓은 광창부분에 유리를 끼우기 위한 쫄대 작업이 이루어지고 대청마루에서는 한여름 모기 등 해충이 실내로 들어오지 못하게 하기 위한 방충망 공사가 이루어졌다. 7월31일에는 본 건물에서 외부에 접하는 창호에 맑은 유리를 끼우는 작업이 이루어지고 동시에 안방에서는 도배가 본격적으로 이루어 졌다.

도배 공사의 순서는 먼저 벽에 붙인 석고보드 바탕을 깨끗이 정리하고 서로 마주치는 부분에 핸디(일종의 석고)로 평평하게 고르는 작업부터 이루어졌다. 이런 작업이 우선적으로 이루어지지 않으면 벽지표면이 고르지 않기 때문이다. 핸디 작업 다음으로 부직포를 바른다. 이때 부직포를 붙이는 풀에 어느 정도 점성을 주기위하여 액체 본드가 혼합된다. 부직포 위에 한지 중 비교적 질이 떨어지는 피지를 초배지로 사용하여 2번 이상 바르고 마지막으로 우리전통의 한지를 바르는 순서대로 이루어졌다. 많은 경우에는 초벌에서 완료된 뒤까지 약 7겹 이상이 되는 경우도 있다. 벽지 바르기와 동시에 바닥 장판 바르기도 이루어졌다. 장판 바르는 공정은 장판 바르기가 시작될 때 설명하기로 하겠다.

◎ 도배 작업 순서

1 부직포를 재단하기 위한 준비 2 평면고르기에 사용하는 석고보드 3 기계로 밀가루 풀을 반죽하는 모습 4 벽지 바르기가 완성된 모습 5 수납장 모서리 벽지 바르기 상세 6 보드사이를 평평하게 고르는 작업모습 7 석고보드판이 이어진 곳에 핸디로 벽면을 고른 모습 8 한지를 바르고 있는 모습 9 벽지와 창호 바르기가 어느 정도 마무리된 모습

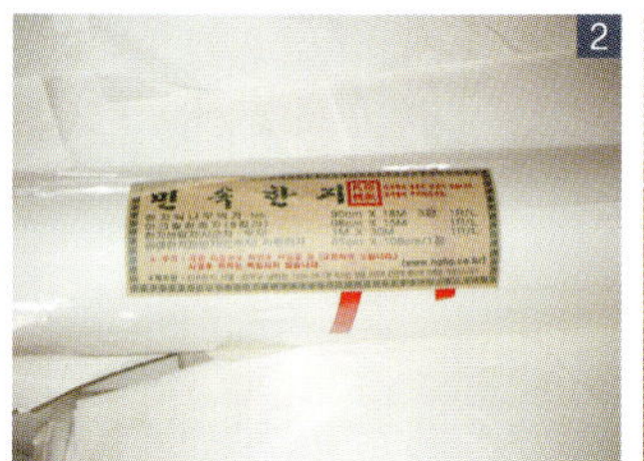

1 창호지 바르기에 사용하는 본드 2 유리에 붙이는 전용 창호지 3 가운데자리에 본드를 칠한 모습

창호지 바르기와 유리 끼우기

벽지 바르기에서 초배지를 바르고 건조되는 동안 창호에 한지를 바르는 작업과 유리를 끼우는 작업이 이루어졌다. 본 건물에 사용되는 창호 재료는 맑은 유리와 우리 전통한지이다. 대청 바깥(외기에 면하는 창호) 창호의 경우에는 맑은 유리를 그리고 내부에는 창호지를 사용했다. 화장실의 경우 프라이버시 확보와 물이 한지에 묻지 않게 하기 위한 2가지의 사항을 만족시켜야 하는 문제 때문에 유리에 유리전용 민속한지를 유리 바깥 쪽에 붙여 사용하였다.

창호지를 바를 때 주의할 점은 창호지를 바르는 풀이 완전히 그늘에서 건조되었을 때 종이가 팽창되어 터지지 않게 하는 것이 중요하다. 그래서 넓은 면의 창호에 창호지를 바를 때는 창호지 전체에 풀을 칠하지 않고 창호의 가운데 자리와 문살에만 풀을 칠한 뒤 창호지를 붙인다. 그리고 붙인 창호지 위에 물 분무기로 물을 뿌려 건조 후 창호지가 탱탱하게 탄력을 유지 할 수 있도록 한다. 이때 창호 가운데 자리에는 풀 대신에 본드 종류의 접착제를 사용한다. 그 이유는 기존의 창호에 방부제 및 목재를 썩지 않게 하기 위하여 여러 겹 코팅을 했기 때문에 일반 밀가루풀이 접착력을 잃어버리는 경우가 생긴다. 이런 경우를 미연에 방지하기 위하여 창호 가운데 자리에는 본드를 사용하여 창호지를 단단히 잡아주게 한다는 것이 도배시공업자들의 이야기였다.

반면에 면적이 적은 창호(광창 등)에는 창호지 전체에 풀을 칠하여 문살에 붙인다. 이때도 가운데 자리는 본드를 사용하고, 창호지 전체에 풀이 묻어있는 상태이기 때문에 물 분무기는 사용하지 않는다.

우리나라 전통창호에는 한지를 바른다. 그리고 대청을 전면에서 가리는 창호는 일반적으로 설치하는 않았지만 신분이 있는 집의 경우 들문을 사용한 경우는 종종 있다. 이는 대청마루가 자연을 그대로 받아들이고, 외부공간도 아니고 내부공간도 아닌 내 · 외

1 창호지 바르기 전의 불발기창 2 불발기창 뒷면에 창호지 바르기 3 불발기창 앞면에 창호지 바르기 4 물분무기를 이용하여 창호지에 물을 뿌리는 모습 5 광창에 창호지를 바르고 있는 모습 6 화장실 문에 유리에 한지를 바른 모습 7 맑은 유리로 시공된 창호에 처마가 비치고 있는 모습 8 불발기 창호도배가 완성된 모습 9 창호 공사가 완전히 마무리된 모습

부를 이어 주는 매개 공간으로서의 역할을 담당했기 때문이다. 그러나 본 현암정사에서는 대청을 가리는 들문이 아닌 접문으로 창호를 설치하였다. 이런 이유는 창호로 외부공간을 가림으로써 자연을 받아들이지 못하는 단점을 극복하기 위해 맑은 유리를 끼웠다. 이는 기능적으로 여름에는 벌레들의 침입을 막고, 겨울에는 난방의 효과를 높이고자 하는 현대방식의 변형이라 할 수 있다. 위의 사진은 창덕궁내의 연경당의 들문과 창호, 창호로 인하여 연결되는 내부공간을 촬영한 것인데 대청마루와 연결되는 불발기 창호아래 머름이 설치되어 있는 특이한 경우이다.

연경당의 들문 창호

창호를 열고 본 내 · 외공간이 연속되어 이어진 모습

연경당 대청마루의 불발기 창호 (불발기 창호 아래 머름대)

장판 바르기

7월의 더위는 8월에 계속 이어지고 인부들은 더위를 이겨가며 내 · 외부 공사는 계속되었다. 8월 3일 창호 바르기 및 벽지 바르기가 마무리되자 본격적인 장판 바르기가 시작되었다. 장판을 바르기 전에 방바닥의 먼지를 깨끗이 치웠다. 장판 바르기 순서는 먼저 바닥의 가운데 자리(걸레받이 붙이는 부분) 목재가 접하는 부분에 약 20㎝~30㎝정도의 초배지를 바른다. 만약에 이렇게 하지 않는 경우에는 장판지가 일어나는 경우가 생긴다고 한다. 다시 말해 초배지와 장판지의 가운데 자리를 좀 더 단단히 붙이기 위한 것이라 할 수 있다. 다음은 벽지 바르기 순서와 같이 부직포를 방 전체에 골고루 바르고 부직포 위에 초배지를 2번 정도 붙인다. 마지막으로 장판지(1.07m×0.86m)로 마무리한다. 이때 한지 장판 위에 니스를 칠하는 경우도 있지만 한지장판 위에 니스를 칠할 때 주의 할

1 가운데 자리에 20㎝~30㎝ 폭의 한지를 붙인 모습 2 구직포를 붙이기전 부직포를 붙이고 있는 모습 3 부직포를 완전히 붙인 상태(초배지 붙이기 전) 4 구직포위 초배지를 2겹 바른 모습 5 장판지를 바르고 있는 모습 6 창호지 및 벽지 공사가 완료된 대청모습

점이 있다. 한지를 바르고 니스를 칠하기 전에는 한지 장판을 완전히 건조시키는 것이 중요하다. 초배지에 바른 풀(물로 반죽된 풀)이 한지에 붙어있기 때문에 한지 장판을 바르기 전에 물기를 건조시키지 않고 니스를 칠하면 니스에 의해 형성된 막으로 인하여 풀에 혼합된 물이 건조되지 않고 머물러 장판이 썩게 된다. 그래서 장판을 바르고 난 뒤 약 20-30일정도 완전 건조시킨 다음 락카를 서너번 바르고 건조시킨 다음 니스를 2번 정도 칠해주는 것이 장판의 수명을 오래 지속시킬 수 있다. 8월 6일 장판지 바르기가 완성되고 실내공간을 정리하자 한옥이 제멋을 내는 것처럼 보였다.

반자(盤子, 班子) 공사

날씨가 조금씩 따뜻해지고 봄기운이 돌자 겨울동안 잠잠했던 공사현장에서 조금씩 기계톱과 망치소리가 들리기 시작했다. 투입되는 공사인부도 3명~4명 정도로 반자 공사부터 시작되었다. 반자(盤子, 班子)는 천장(天障) 또는 천정(天井)이라고 하며 원래는 종이를 발라 꾸민 것을 말하였지만 현재는 천장을 가리어 꾸며 놓은 것을 뜻하는 광의(廣義)의 의미로 쓰이게 되었다. 또 천장, 천정은 방에서 올려다 보이는 위쪽을 뜻하기도 한다. 또는 천장의 경우는 반자를 설치하지 않은 경우를, 천정은 반자를 설치한 경우로 구분하여 말하기도 한다. 반자는 지붕 밑이나 상층바닥 밑을 장식적으로 마무리한 것이며 또한 실내의 온열방지, 음향조절 등의 목적으로도 효과가 있다. 그러나 지붕 속이나 상층바닥 밑을 그대로 노출시킬 때도 있다.

본 공사에서 반자틀의 거리간격은 반자틀을 설치하는 공간에 따라 적절하게 나눔(정수간)을 하기 때문에 일정하게 이루어지지 않고 대부분 1자3치~1자4치(≒39㎝~42㎝) 간격으로 정간(井間: 우물반자에서 반자대가 이루는 한 구간)을 이루어지게 공사가 이루어졌다.

반자대 설치는 반자턱을 따서 끼우기도 하나 대부분 소란(우물반자 틀의 옆에 덧대어 우물반자 널을 받는 재(材))을 따로 대고 위에 반자판을 내리 끼우는 형식으로 이루어지는데 본 공사에서는 반자턱을 따서 반자판을 위에서 얹고 못으로 고정하는 방식으로 시공이 이루어졌다.

가로 · 세로 반자대를 짜는 법은 3가지 종류로 나눌 수 있는데 1) 세로 · 가로 한 칸 거름으로 교차 장부맞춤 하는 경우, 2) 가로 한 방향 만 건너지르고 세로는 칸칸이 잘라서 장부맞춤하는 경우, 3) 세로 가로 길게 건너대고 교차되는 곳에서 모두 반턱맞춤으로 하는 경우이다. 본 공사에서 세 번째 방식인 반턱맞춤으로 반자틀을 시공하였다.

반자판의 두께는 6~12푼(1.8㎝~3.6㎝) 정도로서 보통 8푼 또는 1치 두께널의 한 장으로 하는 것이 보통이다. 본 공사에서는 두께 15푼(1.5치≒4.5㎝)의 반자판을 사용했다. 반자판을 반자널에 고정하는 방식은 지붕 공사 때 서까래에 개판을 고정하는 방식으로 반자판에 직접 못을 박지 않고 반자틀에 못을 박아 굽혀 반자판을 고정시키는 방식으로 이루어졌다.

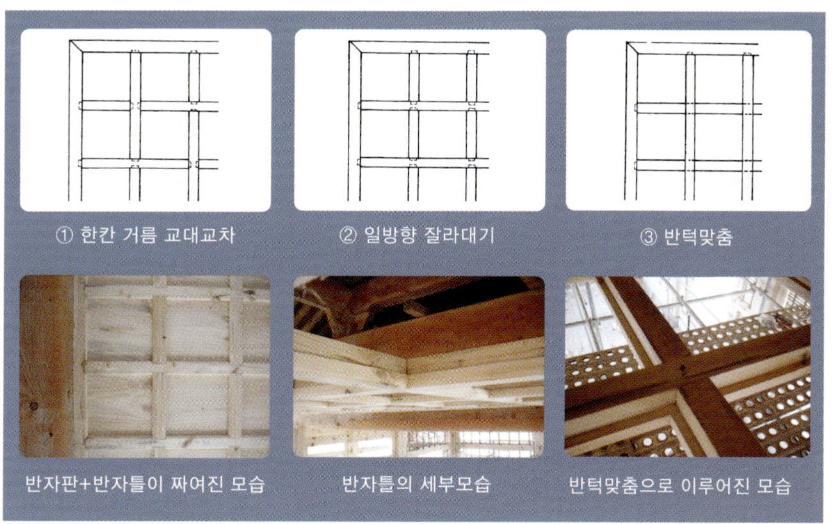
① 한칸 거름 교대교차 ② 일방향 잘라대기 ③ 반턱맞춤

반자판+반자틀이 짜여진 모습 반자틀의 세부모습 반턱맞춤으로 이루어진 모습

반자틀의 고정은 일반적으로 달대(지붕구조와 반자틀을 고정시키는 부재)를 사용하여 고정시키나 본 공사에서 달대를 사용하지 않았다. 그러나 반자틀과 여러 장의 반자판(4.5㎝×36㎝×39㎝)의 무게를 의식해서인지 임시 철물로 고정시켰다.

1 반자판이 설치되기 전 우물 반자틀이 설치된 모습 1 2 반자판이 설치되기 전 우물 반자틀이 설치된 모습 2 3 반자틀에 반자판이 설치된 모습 (下→上) 4 못을 반자틀에서 굽혀 반자판을 고정시킨 모습 5 반자의 처짐을 방지하기 위해 사용된 임시 철물 6 반자가 완성된 모습

주요용어정리

머름(遠音)

머름을 구성하는 부재들은 어미동자(어의동자: 머름에 있어서 기둥 옆에 세운 넓은 동자주), 머름동자(遠音童子: 머름대와 머름중방 상이에 일정간격으로 세운 짧은 재), 머름착고(遠音著高 또는 遠音著板: 머름중방과 머름대 사이에 끼운 널), 머름대(遠音材: 머름틀에서 밑에 가로 낀 하인방), 머름중방(遠音中枋: 머름틀에서 위에 가로 낀 인방) 있다.

머름틀의 각 부재에는 모접기를 하고, 머름착고널을 끼울 홈을 판다. 또 머름중방 · 어미종자 및 동자에는 면에 쌍사를 친다. 머름동자의 상부에는 ㅅ자형의 연귀를 내고 상 · 하장부맞춤으로 ㅅ자형의 연귀로 맞추어지는 것을 '제비추리맞춤' 이라 한다.

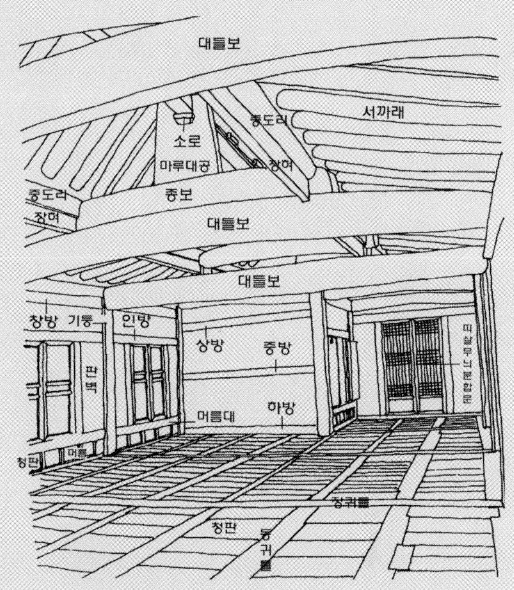

일반 살림집의 대청마루에 수장재 세부 명칭 [우리건축을 찾아서 2, 발언]. 본 건물은 5량집, 우물마루로 이루어진 집으로 종도리 중도리 주(심)도리로 가구를 형성한 집이기도 하다. 그림에서는 종도리가 보이지 않지만 마루대공의 소로위에 종도리를 받치고 있는 장혀(여)가 보인다. 도리(桴)은 가로재를, 보(대들보, 종보 등)은 세로재를 의미하기도 한다.

수장재 명칭

수장재는 보통 단면이 직사각형인 제재목을 쓴다. 옛날엔 '인거(引鋸)' 나 '기거(岐鉅)' 라는 큰 톱으로 켜낸 각재(角材)를 쓰거나 '자귀' 나 '도끼' 로 다듬어 썼다고 한다. 각재의 단면에서는 좁은 면을 '두께' 라 하는데 이 두께를 수장재 '기본 단위척(基本 單位尺)으로 보고 ' 수장폭(修粧幅)' 이라 한다. 예컨대 수장폭을 '세 치(三寸, 9.09㎝)' 로 정했을 때 '운두' 라 부르는 높이를 '다섯 치(五寸, 15.15㎝)' 로 정하는 것이 기본인데 '구고현법(九股弦法)이라 하는 직각삼각형 원리에서 나온 수치이다. 구고현법에서 직각삼각형 밑변을 3이라 하면 높이가 4, 빗변이 5가 된다. 수장 폭 3이 밑변일 때 높이가 4인 직사각형 복재가 있다고 하자. 그 나무 단면에 대각선

줄을 치면 그것이 빗변이 되면서 5가 등장하는데, 5를 중요시하여 수장의 운두를 삼는다. 수장재가 5, 7, 9 등의 수로 설정되는 것은 이 원리를 응용해서이다. 이때 밑변은 항상 3이다. 그래서 '세 치'가 기본수이다. [우리의 한옥, 신영훈, p.321]

▍쌍사

머름 · 벽선 · 인방의 표면에는 두 가닥 능선(稜線)을 병행시키는 장식을 베푼다. 이 부각(浮刻) 선조문(線條文) 장식은 모기둥의 중간 부분에도 시문(施文)된다. 이것은 기둥의 밋밋한 느낌을 줄여 변화를 주려는 것이기도 하지만, 기둥 중앙에 수직적인 선을 그어 줌으로 해서 그 기둥이 반듯하게 서 있음을 표시하려는 방법이기도 하다. 기둥에서는 가장자리의 접은 선의 날카로움을 부드럽게 하기 위하여 귀접는 기법도 쓴다. 네모난 기둥은 모난 부분이 90° 각으로 날카롭기 마련이다. 그 날카로운 부분을 부드럽게 하기 위하여 특수한 대패로 '변탕질'하여 귀접이를 하게 되는데, 이를 보통 모를 '굴린다'라고 말하고 또는 모를 '접는다'라고도 한다. 쌍사는 따로 만든 '밀대패'로 친다. 여기서 '친다'는 말은 대패로 밀어서 쌍사를 나타나게 한다는 뜻이다. 최근에 와서 쌍사는 두 가닥의 선조(線條)로 장식되는 것이 보통이나, 고식(古式)에서는 세 가닥을 친 예를 보이고 있다.

▍창호(窓戶)의 종류

일반적으로 사람들이 정의하기를 건물에 출입하기 위하여 설치한 시설물을 문(門)이라 하고, 건물의 내부공간에 빛을 받아들이고, 조망하고 공기 등을 환기하기 위한 목적으로 설치된 것을 창(窓)이라 한다. 그러나 우리의 전통건축에서는 문과 창에 호를 추가하여 창호(窓戶)라고 부르고 있다. 이런 내용은 중국의 「육서정온(六書精蘊)」이라는 책에서 자세하게 설명하고 있다. 문(門)은 집(堂)의 출입에 필요한 시설물이고, 호(戶)는 방(室)의 출입에 필요한 시설물이라 설명하고 있다. 또 안에 있는 것을 '호'라하고 밖에 있는 것을 문이라 하며, 외짝 문짝으로 이루어진 것을 호이고 두 짝의 문짝으로 이루어진 것은 문(室之口曰戶 堂之口曰門, 內曰戶 外曰門 日扉一戶 兩扉曰門)이라고 하고 기록되어 있다. 이때 호는 분명 외짝 문짝만을 지칭하는 것이지만, 일반적으로 두 짝이건 네 짝이건 간에 방에 출입할 수 있도록 한 것은 모두 호라 하여 문과 구분하고 있지만 창과 호가 혼용되는 경우도 있다.

전통건축에서 문과 창호의 재료는 일반적으로 목재를 사용하며 널과 창호지가 주요 구성재이며, 문과 창호의 형태(살의 구성방식), 사용하는 재료(사립문, 널문, 판장문 등), 위치(대문, 광문, 부엌문, 사당문 등), 열고 닫는 방식(미닫이, 미서기, 여닫이, 들어열개(들문)) 등에 따라서 다양한 명칭으로 불린다. 이외 사찰건축의 경우에는 창호를 구성하고 있는 살의 형태가 일반 주거건축의 창호에 비해 아주 다양하며 화려하다.

◎ 문(門) : 평대문, 솟을대문, 솟을삼문, 사립문, 고문(광문), 부엌문, 샛문(건축물과 건축물사이에 설치하는 문-주로 사랑채 안채 등의 경계에 설치), 사당문, 정낭(제주민가의 대문), 암문(위급시 피난문)

솟을대문-안동하회마을 양진당

솟을삼문-종묘 영녕전

평대문-상주 체화당

사당-봉화 향교

안채와 사랑채를 연결하는 샛문-창덕궁 연경당

판장문(부엌문)-안동 충효당

◎ 창(窓) : 살창, 교창, 들창 등

(정자살)들창-안동 의성 김씨종택

정자살창(봉창)-풍기 선비촌

살창(광창)-안동 봉정사 극락전

◎ 호(戶) : 분합문, 장지문, 불발기문, 접문, 들문, 발문, 아고지기(두 짝의 문짝 가운데 하나에 밀어붙이고, 밀어붙인 쪽의 문틀 일부를 함께 열도록 만든 문)

◎ 창호 : 대부분 창호의 살의 구성방식에 따라 여러 가지 이름으로 불려지고 있다. 띠살창(문), 용자살창(문), 아자살창(문), 완자살창(문), 정자살창(문), 빗살창(문), 귀갑살창(문), 망사창(문), 갑창, 맹장지 등

맹장지+불발기호(戶)-분합문-거창신씨고택

귀갑창호-안동 의성김씨종택

띠살(창)문-안동 의성 김씨종택

용(用)자살창(호)-겹문-안동 양진당

정자살호(戶)-창경궁 명정전

들어열개(들문)-창덕궁 낙선재

원형(月)여닫이문-낙선재

솟을 빗창살-장곡사상 대웅전

꽃문양살-불갑사 대웅전

종이(창호지: 窓戶紙)의 재료, 크기, 단위

◎ 창호지 재료 : 닥나무(楮木) 또는 뽕나무(桑木)의 겹질로 만든 섬유를 주원료로 쓰고, 필요에 따라 넝마, 삼베, 목제섬유 등을 보조

원료로 쓴 종이다. 닥나무 껍질 섬유는 치밀하게 되지는 않지만 질이 질기고 내구력도 있다. 그 질은 여러 종류가 있고 창문에 쓰이는 것은 창호지(window paper)라 하며 품질이 좋은 것을 별완지(別浣紙)라 한다. 이것들은 총칭하여 닥종이(楮皮紙)라 하고 속칭 참지라고도 한다.

◎ 창호지의 크기, 단위 : 종이는 일정나비로 길게 감은 두루마리지(捲紙: rolled paper)와 일정한 크기의 낱장으로 된 것이 있다. 초지의 벽지는 신문지 1장(약54×75㎝)정도이었고, 반자지는 1필 또는 2필 두루마리 반자지가 있었다. 1필이란 총면적이 3.3㎡(6尺 平方)이고, 2필은 그 배가 되는 것을 말한다. 창호지는 20장을 3절로 접어 1다발로 하여 1권(一卷)이라 하였다. 광목 1필은 40마(四十嗎: yards)이고 무명은 20마를 1필이라 하였다.

반자(盤子, 班子) 형태에 따른 분류

일반적으로 반자를 하지 않은 연등천장과 반자를 하는 경우에는 반자의 형태에 따라 구분하기도 하는데, 반자틀을 사용하여 사각형의 반자널과 같은 면재를 사용하여 수평으로 천장을 가리는 우물반자, 그리고 서까래의 경사와 같이 천장을 경사지게 가리는 빗반자(傾斜盤子)로 크게 구분할 수 있다. 좀 더 세분하게 구분한다면 평반자(平盤子), 우물반자, 층단반자(層段(級)盤子), 빗반자, 귀접이 천장, 꺽은 반자, 굽인 반자, 삿갓반자, 반원반자, 순각반자(巡閣(楯角): 각 출목도리, 장여 상호간 또는 주심도리, 장여 사이를 출목첨차 위쪽에 막아댄 반자) 등으로 구분할 수 있다. 사찰의 경우, 주심포형식의 경우는 연등천장을, 다포형식의 경우에는 우물반자를 사용하는 사례가 많으며, 경우에 따라 주불전에 부처님을 모시는 경우에는 층단반자, 또는 빗반자를 사용하는 경우도 있다.

연등천장-영천 은해사 거조암

층단반자-고창 선운사 응진전

빗천장-경주 기린사 응진전

창경궁 명정전 천정

우물반자-홍성 개암사 대웅전

순각반자-예천의 초간정

전기(電氣) 공사

배선 공사

11월 5일 마루 공사가 진행되는 도중에 마루 공사와 전기 공사간의 작업 순서로 인하여 목수와 전기 공사 담당자간의 여러 의견들이 오고갔다. 전통 목조 건축물인 까닭에 가구를 형성하고 있는 나무(架構材)들이 완전히 노출되기 때문에 전기줄이 노출시켜야하는, 다시 말해 의장적인 면에서 깨끗하게 마무리되지 않는 단점이 나타났다. 특히, 콘센트의 경우에는 미닫이문(미닫이문: 한줄 홈에 문 한 짝 또는 두 짝을 끼워 좌우 옆 벽에 밀어붙여서 여닫는 문, 미서기문: 두줄 홈에 두 짝 또는 네 짝을 달아서 좌우문짝 옆으로 밀어붙여서 여닫는 문)이 설치되는 문의 경우, 개폐시 노출된 벽쪽으로 문이 열리는 까닭에 콘센트를 벽에 노출되도록 설치하지 못하는 단점이 문제점으로 나타났다. 대안으로 콘센트의 경우에는 기둥부분에서 노출되어 설치해야하는 경우가 되었고, 밖에서 연결되는 전기줄의 경우에는 마루(동귀틀)밑으로 전기줄을 숨겨 연결시키고자하는 전기공의 제안으로 전기 배선 공사 완료 후 대청마루의 청판 깔기를 하기로 했다. 도편수 역시 전기 공사에 대해서는 자세히 알지 못했는데, 이는 현대의 생활상과 과거의 생활상의 차이점에서 오는 문제점인 것 같았다.

1 방 내부에 콘센트를 설치한 모습 2 전등배선의 경우 최대한 배선을 숨기기 위해 기둥모서리로 배선 3 툇마루 제일 끝 부부 아래에 분전반을 설치한 모습 4 서까래와 주심도리 사이에 설치된 전선모습 5 전면 툇마루 아래 전기배선 공사가 이루어진 모습

11월 6일경에 뒤 툇마루 공사가 완공되자 본격적으로 전면 툇마루와 누마루 공사가 시작되었고 12일경에 거의 마무리 되었다. 그러나 전면 툇마루의 경우 전날까지 전기공과 합의안에 의해 툇마루의 청판을 깔기 전에 기초 전기배선과 배전반 공사가 우선적으로 이루어졌다. 또한 대청마루와 좌측 방부분의 콘센트 설치 공사가 이루어졌다. 콘센트는 일반적인 현대 집처럼 약 0.9m~1m높이에 위치시키는 콘센트를 방바닥과 마루바닥 레벨에서 이루어졌다. 그리고 대청의 천장 조명을 위한 배선의 경우에는 기둥과 벽선이 만나는 모서리를 이용하여 천장까지 연장시키고 천장부분에서는 주심도리와 서까래의 사이의 공간을 이용하여 다른 천장까지 전선배선을 연결시켰다. 벽으로는 하인방과 띠방에 구멍을 내어 전선을 통과시켰다.

6 도리와 보 위의 당골막이 속으로 설치된 전선의 모습
7 기둥과 벽선의 모서리에 설치된 전선

11월 30일까지 전기 공사도 꾸준히 진행되었다. 구들 공사가 이루어지기 전에 작은방의 전기배선이 이루어져야 하기 때문에 우선 작은방의 전기 공사부터 이루어졌다. 툇칸의 조인트 박스에서 전기선을 분배시키는 작업으로 전기줄이 복잡하게 이어지고 있었다. 특히, 이 건물 전체의 전기를 분배하는 배전반의 경우에서 큰방(누마루 뒤쪽)에서 사용되는 수납장 아래 배전반 박스를 조성하여 방의 내부에서나 건물 밖에서 노출되지 않게 처리하고 있었다.

1 하인방과 띠방에 구멍을 내어 전선을 통과한 모습 2 툇마루 아래 전기 조인트 박스 3 전기 공사로 여러 색깔의 전기선들이 늘려있는 모습 4 큰방 수납장의 일부분을 배전반으로 사용하는 모습 5 마루 밑부분으로 연결된 전선

조명 공사

① 안방의 전등 공사

내부 공사가 어느 정도 정리되자 실내 전기(전등 달기) 공사가 시작되었다. 목조 공사 초기에 마루 밑 등에 설치된 전선들을 정리하고, 내부의 전등설치로 위한 전등을 전선에 연결하는 공사와 설치된 전등 및 전원을 컨트롤하는 전기 분전함을 설치하는 공사가 진행되었다.

특히 목조 건축의 경우 현대식 건물에 비해 콘센트와 전선들을 벽에 묻지 못하는 어려움과 밖으로 노출된 전선으로 인하여 내부공간을 거슬리는 경우가 많다는 단점이 있다. 간혹 목조내부에 구멍을 뚫어 전선을 삽입하는 경우가 있는데 이는 누전으로 인한 화재의 위험이 대단히 크다.

본 공사에서의 콘센트 설치는 3가지 방식으로 설치되었다. 첫 번째 방에 설치되는 콘센트의 경우 기둥 등, 나무에 고정시키지 않고 흙벽 공사시 미리 벽에 묻어 놓는 방식과 두 번째 경우는 방바닥에 묻어 설치하는 경우가 있었는데 이는 목조건축에서 출입을 위한 미닫이 창호가 설치된 경우 콘센트가 창호 개폐시 방해물이 될 수 있기 때문에 바닥에 설치하는 경우이다. 이런 경우 바닥에 사용될 재료 종류에 따른 마감의 두께를 고려하여 설치해두어야 한다.(법규상 바닥 콘센트는 플라스틱제를 사용하지 못함) 세 번째 방식은 대청마루에 설치된 콘센트의 경우로 창호 문틀과 기둥사이의 공간에 설치하는 경우이다.

전기분전함의 경우에는 큰 방 수납장의 일부분을 이용하여 분전반의 개폐문(쇠문)이 보이지 않게 설치하였다. 큰 방 전등방식의 경우에는 미리 결정된 것이 없어 우물천정과 어울리는 전등 설치방식 등을 선택하기 위하여 우선 몇 가지 샘플들을 설치하여 천

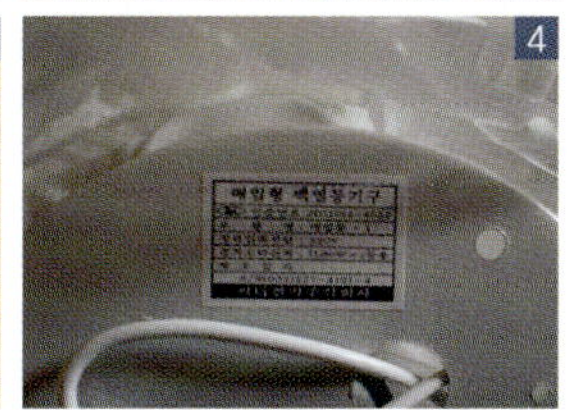

1 매립형 전등의 모습 2 전등을 매립하고 있는 모습 3 전등설치가 완성된 모습 4 전등용량 표지

정과의 어울림을 고려하였다. 직접조명방식, 간접 조명방식 등 여러 샘플 중 회색 아크릴로 처리된 간접 조명 방식으로 결정되어 7월 14일부터 안방 전등 공사가 재계되었다.

안방(큰방) (크기: 9m × 7.5m =67.5㎡(20.42평))에 9곳에 매립형 백열전등을 설치하였다. 1곳에(우물천정 1모듈) 4개의 전등을 동시에 설치하였다. (안방에 총 36개의 백역전등 설치: KS인증번호 JD11014-4003 / 정격입력전압 220V / 전격소비전력 1L60W ×1등용)

② 대청마루 및 각종 전등 공사

대청마루의 조명등 계획은 처음부터 많은 어려움이 있었다. 계획초기에는 현대식 샹들리에를 설치하자는 의견과 샹들리에의 경우 전통적인 분위기와 어울리지 않는다는 의견, 필요에 따라 스탠드를 사용하자는 의견 등 전등설치에 어려움이 있었다. 결국 현대식 조명기구들이 어울리지 않을 것 같다는 결론에 따라 형광등 전등을 노출되지 않게 툇보 및 대들보 위에 숨기듯 설치하게 되었다. 그러나 빛의 방향이 위쪽으로 향하게 되어 서까래 면에 반사되는 빛(조도가 100룩스(lx)도 나오지 않았음)으로 대청마루를 밝히기에는 무리가 있었다. 하는 수 없이 조명기구에 대한 협의를 다시 시작하기로 하면서, 대청마루에 사용할 조명기구 및 형식에 대해서도 공사가 어느 정도 마무리 할 단계에서도 가능하기 때문에 천천히 검토하자는 건축주의 의견을 따르기로 했다. 참고로 일반주거공간에서 사용되는 공간별 조명밝기를 보면 다음과 같다.

- 수예, 재봉, 제도를 하는 위한 방의 밝기: 750-2000 lx
- 독서(서재, 어린이방)위한 방의 밝기: 500-1000 lx
- 독서, 화장, 전화(거실, 침실)를 위한 공간: 300-750 lx
- 면도, 화장, 세면(탈의실), 조리대, 싱크대, 식탁이 설치된 공간 밝기: 200-500 lx
- 오락(거실), 세탁(가사실), 테이블, 소파, 장식대(응접실)의 공간 밝기: 150-300 lx
- 어린이방, 가사실, 욕실, 탈의실, 현관의 밝기: 75-150 lx

1 마감 두께를 고려한 바닥 콘센트 2 바닥마감 시공 후 콘센트 모습 3 수납장 일부에 전기분전함 설치 4 전기분전함 설치 공사 모습 5 작은방에 전등을 설치한 모습 6 작은방 전등이 완성된 모습 7 전기분전함과 연결시키기 전의 모습 8 전기 공사 마무리된 모습

1 기둥과 창호틀 사이의 콘센트 모습 2 안방과 대청마루사이의 콘센트 3 화장실의 전등과 환풍기 모습 4 바닥 콘센트 사례(남산한옥마을) 5 수납장일부에 전기분전함을 설치하고있는 모습 6 수납장 일부에 전기분전함이 완성된 모습 7 노출형과 밀폐식 등 샘플 전등을 설치한 모습 8 퇴보 위에 설치된 형광등이 조금 보인다. 9 대청마루 대들보 윗면에 설치된 형광등이 켜진 모습

기단(基壇: 댓돌) 공사

고멕이 (고막이 (庫莫)) 공사

① 내부 고멕이(또는 고막이 (庫莫)) 공사

뒤 툇마루와 전면 툇마루 뒷 쪽(툇마루와 대청마루 경계 고멕이)으로 고멕이 공사가 시작되었다. 고멕이를 막는 방식은 여러 가지가 있다. 한개 또는 여러 화강석을 다듬어 막는 방법, 벽돌을 사용하여 막는 방법(화방벽), 그리고 암키와를 1/3등분하여 막는 와적(瓦積) 방법 등 여러 방법이 있을 수 있다. 본 공사에서 툇마루와 대청마루 경계 고멕이 등 내부 고멕이 공사의 경우는 와적을 사용하는 방법을 사용하고 대청마루 등 건물 전면과 건물 외곽의 고멕이

목조 공사에서 고멕이를 시멘트 벽돌로 하는 경우-기린사(경주)

고멕이를 돌 대신 화방벽으로 쌓은 모습-연경당

화강석으로 고멕이를 한 경우-연경당

벽돌+화강석으로 고멕이 한 경우-경복궁

1 고멕이 사이에 사용할 환기통 2 고멕이에 사용할 암키와를 자르고 있는 모습 3 와적을 쌓아 놓은 고멕이 모습 4 툇마루 뒷쪽 고멕이를 와적(瓦積)하여 막은 모습과 대청마루 아래 공기환기를 위해 환기통의 모습

는 화강석을 사용한 고멕이 돌로 시공하는 것으로 진행되었다.

인부들의 경우 내부, 보이지 않은 부분의 경우에는 시멘트벽돌을 사용할 것을 권했다. 벽돌을 권하는 이유는 와적으로 고멕이 공사를 한 후 시멘트 모르타르로 마감을 할 예정이기 때문에 와적으로 했는지 벽돌로 했는지 마감에 가리워지는 단점을 지적했고, 또한 벽돌 공사가 와적으로 하는 것 보다 공기(工期)와 인건비 면에서 훨씬 싸게 든다는 이유에서 벽돌사용을 권했지만, 건축주가 전통적인 방법으로 시공할 것을 고집스럽게 주장했기에 인부들의 주장에도 불구하고 와적으로 고멕이 공사가 이루어졌다. 그리고 고멕이에는 대청마루의 환기를 위하여 철망을 입힌 환기통(쥐 등의 침입을 막기 위해)이 설치되었다.

② 외곽 고멕이 공사

고멕이의 경우 화강석을 사용하기로 했는데 전면 툇마루의 하인방의 두께가 4치(12㎝)이고 현장에 주문하여 현장에 유입된 고멕이돌의 두께가 6치(18㎝)로 2치의 차이가 있었다. 여기에서 문제가 생겼다. 전면 툇마루의 하인방의 두께가 4치 그리고 뒤 쪽으로 툇마루 장귀틀이 하인방 아래로 내려와 고멕이 돌 두께가 2치 만큼 앞쪽으로 튀어 나오는 경우가 발생되어 현장에서 2치 만큼, 그리고 장귀틀이 내려온 만큼 돌을 그렝이 하는 방법이 제시되었고 또한 대청마루 전면에 주초가 원형이기 때문에 고멕이돌과 주초가 맞물리기 위해서는 고멕이 돌을 원형주초에 맞게 곡선으로 그렝이하는 번거로운 작업들이 생겼다. 몇 일 뒤 고멕이 돌 두께가 4치(12㎝)로 맞추어져 다시 현장으로 반입되었다.

그러나 고멕이 돌을 배치시키는 위치에 부동침하를 막기 위해 시공해 놓은 강회다짐이 완전히 굳지 않은 상태라 고멕이 위치에 돌만 옮겨놓았다. 일부 대청마루 부분에는 강회다짐이 어느 정도 굳은 상태라 고멕이 작업이 이루어졌다. 그리고 대청마루 부분 고멕이 작업의 경우 주초부분이 원형 주초인 까닭에 고멕이 돌을 원형주초에 맞추어 그렝이 작업이 이루어진 후 고멕이 작업이 이루어졌다.

고멕이 돌 전면에는 환기를 위하여 둥근 환기구멍을 뚫었다. 마루가 나무이기 때문에 환기가 되지 않는 경우 바닥 습기로 인하여 마루나무가 틀어지는 경우가 생기기 때문에 일반적으로 민가의 경우 고멕이를 설치하지 않고 기단 위에 디딤돌을 놓는 경우가 많이 있다.

나무 고멕이에 환기를 위하여 구멍을 낸 모습-창덕궁 비원

나무를 고멕이로 사용한 사례-경남거창의 정병호 고택

고멕이 없이 디딤돌을 놓은 모습-경남거창의 정온선생고택

1 고멕이 돌의 침하를 예방하기 위한 기초자리를 터파기한 모습 2 고멕이 돌 기초 밑부분에 생석회를 뿌리는 모습 3 고멕이 밑부분에 강회 시멘트로 메운 상태의 모습 4 고멕이 돌과 하인방을 밀착시키는 모습 5 고멕이 삽입을 위해 고멕이 돌을 옮겨놓은 모습 6 주초에 맞추어 그렝이질 된 고멕이 돌의 모양 7 원형주초에 맞게 그렝이질 된 고멕이 돌의 모양 8 고멕이 작업이 마무리 된 모습

연경당-외벌대

연경당-누의 외벌대와 대청의 두벌대

강화도 고려궁지-삼벌대

기단 (基壇: 댓돌) 공사

2004년 4월 6일 건물을 받치고 있는 기단을 만들기 위한 기초 작업이 시작되었다. 한옥의 특성 가운데 하나가 중국, 일본과 달리 집을 높은 기단위에 짓는 것이다. 기단은 처마 밑을 따라 흙, 잔디, 돌, 벽돌, 기와 그리고 강회를 섞은 삼화토를 사용하여 마당보다 높직하게 쌓는 것으로 죽담, 댓돌 , 봉당, 섬돌 또는 기단이라고도 한다. 태조실록에서는 근정전의 기단을 월대(越臺, 또는 月臺)라고도 하였다. 댓돌이나 섬돌, 봉당이라는 용어는 대체로 일반적인 살림집에서 많이 부르고 있다. 이와 같이 기단의 종류는 사용되는 재료와 그 형태에 따라 여러 종류로 나누어진다. 김왕직씨의 「한국건축용어」[발언]에서 토축기단(土築基壇), 자연석기단(自然石基壇), 장대석기단(長臺石基壇), 가구식기단(架構式基壇), 혼합식기단(混合式基壇), 전축기단(塼築基壇), 와적기단(瓦績基壇) 등으로 나누고 있다. 그 외 특수기단으로 궁궐의 정전 등에 사용된 월대(月臺) 등이 있다. 죽담의 높이에 따라 댓돌 한 개 높이의 기단을 외벌대, 외벌대 위에 다시 한 켜를 놓을 경우를 두벌대, 두벌대로 높이가 부족한 경우 한 켜 더 쌓는 경우를 세벌대라고 하는데, 세벌대는 고급스런 기단으로 여겨 「삼국사기」 옥사조에서는 살림집에서는 세벌대를 설치하지 못하도록 규정하고 있다. 이런 기단의 높이는 여러 기능적인 외에도 높은 자리에 주인이 거처함으로써 하인 등 아랫것들을 내려다보면서 지시할 수 있는 권위를 유지하기 위한 내면적인 이유도 있다.

기단의 역할은 집을 지면으로부터 높여주는 역할 뿐 아니라 지면의 습기에 대한 피해를 피할 수 있게 하고 마당에 반사되어 들어오는 밝은 빛을 집안에 충분히 받아들여 쾌적하게 분위기를 만들어 주는 역할을 한다. 기단의 폭은 일반적으로 처마의 폭보다 좁게 하면서 초석에서부터 기단 끝으로 갈수록 경사를 두어 빗물이 밖으로 흘러내리도록 한다. 그 이유는 비가 왔을 경우 기단에 빗물이 떨어지지 않게 하기 위해서다, 만약 기단위에 비가 오는 경우에는 기단에서 빗물이 튀겨 기둥부분 또는 다른 목재부분에 빗물이 침투하여 목재를 썩게 만들어 건물의 수명이 오래 가지 못하기 때문이다.

기단 높이는 건물의 규모와 여건에 따라 차이는 있지만 일반적으로 전통주택 중 상류주택은 2척(60㎝)~5척(150㎝)정도 높이의 화강석 기단 위에 축조되는데, 신분에 따라 기단의 재료와 다듬어진 정도, 높이가 달랐다고 한다.

대체로 일반 민가인 초가에서는 토축기단이 주로 많고 기와집에서는 잡석기단이 주로 사용되었으며 사랑채에는 장대석 기단도 많이 사용하였다. 장대석 기단은 시대를 막론하고 민가나 공공건물, 궁궐건축, 사원건축 등에서 두루 사용되었고 집의 규모와 여건에 따라 다양하게 활용하였다. 지대석과 면석, 갑석을 갖춘 가구식 기단은 주로 사원건축에서와 궁궐건축에서 주로 사용하였다.

◎ 기단 시공 순서

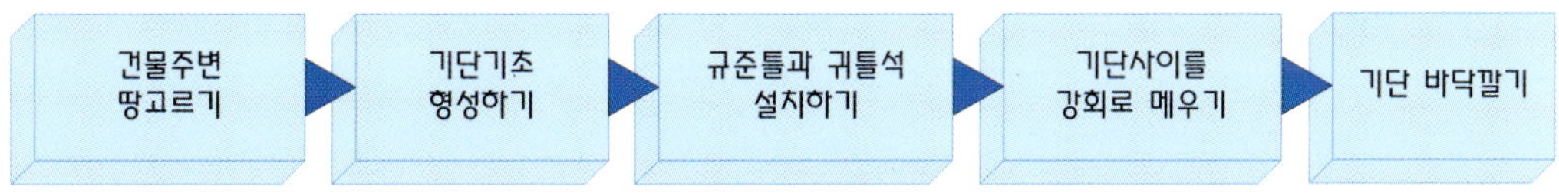

본 공사에서 기단 공사는 의외로 많은 기간에 걸쳐 이루어졌다. 기단 공사를 위하여 건물주변에 흩어진 공사 흔적들을 청소하고, 기단의 레벨(높이)을 맞추기 위한 땅고르기(4월 초순)작업, 기단의 기초 다지기 그리고 필요한 돌 반입에서부터 시작하여 기단 바닥 깔고 마무리 공사까지 5월 20일경(약 2개월)에 끝났다.

기단의 종류는 화강석 장대석 기단에 가장 고급스러운 세벌대 형식으로 이루어졌다. 기단 작업순서를 크게 구분하면, 첫 번째, 기단형식에 맞게 주변의 땅고르기(레벨 맞추기), 두 번째, 기단이 올라갈 자리(기단의 돌이 놓일 자리)에 강회로 다지기 작업(후에 기단의 침하를 방지하기 위하여), 본 작업에서도 기단의 기초가 겉으로 보이지 않는 것

1 기단 기초에 사용하기 위한 강회 2 기단폭을 잡기 위해 기준선 표기 3 기단 기초자리를 굴토한 모습 4 기단기초자리 굴토후 거푸집설치 5 강회로 기단 기초를 다진 모습 6 귀틀석과 규준틀의 모습 7 전면부 고멕이가 시공된 모습 8 기단위에 디딤돌을 위치시킨 모습 9 기단바닥을 깔기 위한 현무암(방전)

이지만 시멘트를 사용하지 않고 전통방식인 강회로 시공하였다. 세 번째, 기단이 놓일 자리에 규준틀과 귀틀석을 설치하기, 네 번째, 기단을 규준틀에 맞게 설치하고 기단석과 기존의 흙 기단 사이를 강회로 메우고 다지기, 다섯 번째, 기단의 윗부분을 흑색 현무암(25㎝×25㎝)으로 깔고 현무암 사이의 줄눈작업(줄눈시멘트 흰색+검은색을 혼합하여 사용)으로 마무리하면서 기단은 완성된다. 이렇게 기단위에 까는 돌을 '방전(方塼)'이라고 한다. 방전은 기단 바깥쪽에서 건물 쪽으로 까는 순서로 하고 가능한 한 짜투리 방전이 생기지 않게 처음부터 길이와 폭을 조절하는 것이 치밀성이 필요하다.

계단은 대청을 기준으로 앞쪽에는 긴 단일 계단 형식으로 기단 윗부분까지 5단, 뒤쪽에도 1단을 위치시키고 정면 기단 위에는 대청을 기준으로 디딤돌(步石)이 3개 위치하고 있다. 디딤돌의 경우 일반적으로 두벌대 이상의 기단에 놓이는 것으로 대체적으로 투박하게 생긴 큼직한 돌을 사용하고 있지만 규모가 큰집의 경우에 집의 품격을 위하여 장대석을 놓는 경우가 있다.

1 기단 기초부에 거푸집을 설치 후 강회를 채운 모습 2 강회로 기단부의 기초가 완성된 모습 3 장대석 이벌대까지 쌓아올린 모습 4 누마루 밑부분의 기단을 쌓고 강회로 메우는 모습 5 대청마루 전면부의 계단이 시공되고 있는 모습 6 전면부 계단과 기단바닥, 디딤돌까지 완성된 모습 7 기단이 완성된 모습 (기단바닥 작업 전 모습) 8 기단 바닥의 현무암 사이에 줄눈작업을 하고 있는 모습

난방 공사

안방과 건넌방 바닥 메우기

본 공사의 난방 공사는 전통적인 구들방식으로 계획되어 있었다. 2003년 11월 겨울에 접어들기 전에 안방을 제외하고는 구들 공사가 절반이상 이루어진 상태였고 연도 및 굴뚝자리 그리고 전통적인 굴뚝형식까지 계획이 이루어진 상태였다. 그러나 이런 전통 난방방식에 대한 여러 가지 단점-비가 온 후 눅눅해질 때 마다 누군가 불을 피워야하고, 불을 피울 장작을 구입해야하고, 짧은 시간에 방을 가열 시킬 수 없고, 관리상의 어려움-때문에 공사 중 구들 공사(구들 공사를 담당한 류제호-문화재 관리청 기능보유자 등록번호 2363-씨에 의하면 구들 공사의 경우 드잡이들이 시공하는 것이 원칙이지만 요즈음은 미장 기능공들이 다른 공사와 같이 시공하는 것이 흔하다고 함)가 중지되면서 난방방식에 대한 미결정으로 인하여 난방 공사가 계속 지연되었다. 결국 공사 완공 즈음에 전기난방방식으로 결정되면서 2004년 6월 12일부터 바닥 난방 공사가 시작되었다. 기름, 가스보일러가 아닌 전기 난방을 결정하게 된 이유는 보일러실 때문이었다. 기름 보일러의 경우 기름을 저장할 보일러실이 필요했고 가스보일러의 경우 프로판 가스를 사용해야하기 때문에 불편함이 있어 건축주와 시공담당자의 고심 끝에 외관상 또는 공사의 편리성으로 인하여 전기를 이용한 전기필름 난방방식으로 결정되었다. 방의 난

❶구들 공사의 위해 약 40×30㎝ 크기의 구들장이 준비된 모습 ❷불을 피우는 아궁이 시공이 이루어지고 있는 모습 (11월29일) ❸아궁이 부분 고래둑을 끊어 쌓은 모습 ❹약20㎝ 두께의 강회 마감의 모습 ❺강회를 삽으로 다지는 모습 ❻석고보드로 마감된 벽의 모습

방방식이 결정되자 공사가 중지되었던 각 방의 바닥을 대청마루 높이까지 흙으로 메우는 작업이 이루어졌다. 사실 구들 공사의 중지 때문에 바닥을 메우지 못한 상태였고 방의 내장 공사도 이루어지지 못한 상태였다.

한옥의 낭만은 한 겨울 불기가 없는 대청을 지나 안방에서 건넌방으로 건너가려면 시린 발로 마구 뛰어가 잘잘 끓는 온돌에 발을 녹이는 것인데… 라는 아쉬움도 있었지만 위에서 언급된 여러 문제로 인하여 전통적인 우리의 난방방식인 구들 공사가 중도에 포기하게 되어 매우 아쉬웠다.

필름난방방식을 위해 먼저 방바닥을 대청마루 높이까지 황토로 메우는 작업이 먼저 이루어졌다. 그리고 메운 황토의 침하를 방지하기 위하여 바이브레이터(진동기)로 다지고 몇 일간 메운 흙을 건조시킨 후(바닥 위로 올라오는 습기를 미연에 방지하기 위하여) 대청마루 아래의 바닥 시공방식과 같이 시멘트가 아닌 강회로 바닥을 고르는 작업이 이루어졌다. 그러나 메운 흙을 약4일 간 건조시키고 진동기로 다진 결과 초기 레벨보다 훨씬 낮아지게 되자 강회를 약 20㎝정도의 두께로 바닥을 다시 덮게 되었다. 강회가 어느 정도 건조되면 단열재를 강회 위에 깔고 필름난방을 설치한 후 필름난방 위에 다시 강회로 5㎝의 두께로 덮어 마무리하게 된다.

난방방식이 결정되고 바닥이 메워지자 6월 14일에는 내부 벽의 마감 공사도 시작되었다. 내부 마감 공사는 벽에 설치된 각재 사이로 두께 5㎝ 단열재를 메우고 9㎜석고보드

■1 작은방 구들 공사마무리와 연기의 배기 상태를 점검을 위하여 임시로 불을 피운 상태 (2004년 3월 24일) ■2 연도로 연기가 나오고 있는 모습 (2004년 3월 24일) ■3 안방의 바닥이 메워지기 전의 모습 ■4 안방의 바닥을 메운 후 진동기로 다지는 모습 ■5 각재 사이에 메워진 단열재와 완성된 벽의 모습 ■6 진동기로 다진 바닥에 다시 강회로 마무리 하는 작업

로 마무리하는 방식으로 이루어졌다. 신영훈씨의 초기 계획은 각재 위를 단순히 창호지로 2겹 이상으로 마무리하여 전통 한지의 멋을 내려는 계획이었다. 그러나 공사담당자의 경우 단열재 시공의 필요성을 강조했고-풍기지역의 겨울날씨가 다른 지역에 비해 춥기 때문에 단열재와 석고보드를 사용하여 벽을 마무리하고, 석고보드 위에 창호지를 바르는 계획-결국 단열재로 시공하고 석고보드 위에 한지를 바르는 방식이 채택되었다. 이런 시공방식 때문에 흙벽 위에 각재를 설치하고 각재 사이가 비어있는 공간에 단열재를 메우고 그 위를 석고보드로 마무리하는 방식으로 시공이 이루어졌다.

안방과 건넌방 난방 공사

6월 28일 옥산가(玉山家: 바닥마감 공사업체)에서 안방 및 건넌방의 바닥마감에 대하여 협의하기 위하여 건설현장을 방문했다. 필름난방방식 위에 황토로 마감을 하느냐, 아니면 옥 분말을 이용한 일종의 시멘트를 이용하느냐에 대한 방식결정을 위해서 여러 장단점을 듣기 위해서이다. 바닥마감의 순서를 간단히 설명하면 다음과 같다.

강회로 다짐한 표면위에 10㎜의 단열재를 깔고 → 그 위에 필름난방방식을 시공하고 → 난방위에 황토 또는 옥 분말로 마감하고 → 초배지 → 민속장판 시공 순으로 공사가 이루어질 계획이다. 그러나 아직 난방방식 위의 마감을 황토 또는 옥분말 중 어느 것을 사용할 것인가에 대한 결정이 이루어지지 않은 상태였다.

1 필름난방방식 설명도 2 폭 65㎝의 난방필름 3 10㎜ 두께의 단열재 4 난방필름의 전극을 연결한 모습 5 마닥 마감재 반죽하는 모습 6 필름난방 온도조절장치 7 바닥의 거친 면을 제거하는 모습 8 백시멘트 재료 9 세라믹 옥 파우더 10 단열재로 작은방을 시공한 후의 모습 11 단열재 위에 필름난방을 시공한 모습

두 재료의 큰 차이는 재료의 단가이다. 현장에 따르면 황토로 시공하는 경우와 옥분말로 시공하는 경우 인건비는 비슷하지만 재료비에서 약 4배정도로 옥분말 시공이 비싸다는 것이다. 아무튼 현장에서 서로간의 장단점을 비교하고 정확한 시공견적서를 받아 결정하기로 했다. 결국 건축주는 비싼 공사비에도 불구하고 옥분발 시공을 선택했다.

다음날 바닥난방 업체(우창-원적외선 필름)가 현장에 투입되어 바닥난방 공사가 시작되었다. 시공업체에 따르면 PET필름에 원적외선을 방사하는 탄소발열체(Carbon)을 도포하고 각 탄소 발열체가 동박으로 만든 전극에 병열로 연결되어 필름 전체에서 고른열(복사열)을 발산하는 것이 특징이라 설명하고 했다. 그러나 일반 가정집의 경우, 전기세 누진제로 인하여 넓은 면적에는 사용하기 힘들고, 베란다 확장시 사용하곤 한다고 했다. 공사단가는 약 17만원/1평 정도이다. 의외로 시공 방법이 단순하고 시공 후 전체 마감두께가 두껍지 않다는 장점이 있었다. 시공방법은 다음과 같다.

첫 번째, 어느 정도 두께가 있는 돌들을 제거하기 위해 굳어있는 강회 바닥을 빗자루로 쓸어낸다.

두 번째, 10㎜두께 폭1m의 특수 단열재(현대-난연 하드론)를 재단하여 바닥에 깐다. 이때 바닥이 시멘트인 경우 비닐을 깔고 단열재를 시공하지만 본 공사의 경우 흙으로 되어 있어 습기가 비닐에 맺혀 전기를 누전시킬 수 있는 경우 때문에 습기가 자연히 숨쉴 수 있도록 비닐 시공을 하지 않고 단열재를 직접 시공한다고 했다.

세 번째, 단열재 시공이 끝난 후에는 원적외선 필름(폭 65㎝, 두께 0.25㎜)을 단열재 위에 시공한 후 난방필름의 끝부분에 전극을 연결한다.

네 번째, 필름 보호용 비닐(본 공사에 사용-P.E. 필름) 또는 부직포(온돌마루의 경우)를 시공한다.

다섯 번째, P.E필름 위에 옥(玉)파우더(2):백시멘트(2):세라믹가루(6)로 혼합된 마감

1 난방필름에 전극을 연결하는 모습 2 난방 필름작업이 완성된 후 보호용 비닐을 덮은 모습 3 P.E. 필름위에 마감재로 마감하는 모습 4 옥산가(玉山家)로 마감을 마친 모습(self-leveling 작업전) 5 self-leveling 모르타르로 마감한 모습 6 self-leveling 모르타르로 마감하는 모습

재를 약 5㎝ 두께로 마감 시공한다.

마지막으로 옥파우드 마감재를 약 일주일 건조시킨 후 약 5㎜두께의 self-leveling 시멘트 모르타르로 바닥마감을 마지막으로 처리하고, 건조시킨 후(양생) self-leveling 시멘트 모르타르의 표면을 끌 또는 사포로 시공시 거친 면을 제거시킨다. 전통 방식에서는 사발을 뒤집어 거친 면을 고르는 방식이 있다.

원적외선 난방 방식은 전체적으로 파이프 온돌보다 시공기간이 단축되고, 마감 두께가 두껍지 않아 자체 하중을 경감시킬 수 있으며, 보일러실 등이 따로 필요 없다는 장점이 있다고 생각된다.

화장실과 부엌 공사

화장실 공사

본 공사에서는 2곳의 화장실이 계획되어 있다. 난방 공사의 마감이 어느 정도 경화되자 화장실 마감(타일 붙이기) 공사가 시작되었다. 화장실 공사에서는 원칙적으로 타일 공사 전에 액체방수 후 약 24시간 담수시험을 통과해야만 시공할 수 있다. 또한 사전에 화장실에 대한 Shop Drawing을 작성토록 하여 타일 나누기, 도기배치 등을 최종 검토한 다음 시공하여야 한다. 타일 나누기의 필요성은 어떤 면에서는 덜 중요하게 생각될지도 모르겠지만, 번기 또는 소변기가 여러개 설치될 경우에는 화장실 계획의 가장 기본이 되기도 한다. 예를 들면 타일 크기의 공약수를 가질 수 있는 간격으로 배치하면 좋다는 의미로 150×150을 사용하는 경우 소변기와 대변기를 각각 750㎜과 1,050㎜으로 200㎜×200㎜이면 소변기는 800㎜, 대변기는 1,000㎜으로 배치하면 된다는 것이다.

본 공사에서는 담수시험을 하지 않는 까닭에 여러 겹의 방수처리를 하였다. 시공순서는 맨 처음 바닥에 액체방수를 한 뒤, 겨울철의 동파 등에 대비하기 위하여 바닥에 안방과 같이 필름 난방 → 옥(玉)미장 → 썬코트 → 탈우레탄 → 썬코트 → 습식 타일 붙이기 순으로 시공하였으며, 사용된 타일은 2종류 100㎜×100㎜, 30㎜×30㎜(줄눈을 합하여 3개가 10㎝타일과 같은 줄눈이 생기도록 나눔- 사진 참조)을 사용하였다.

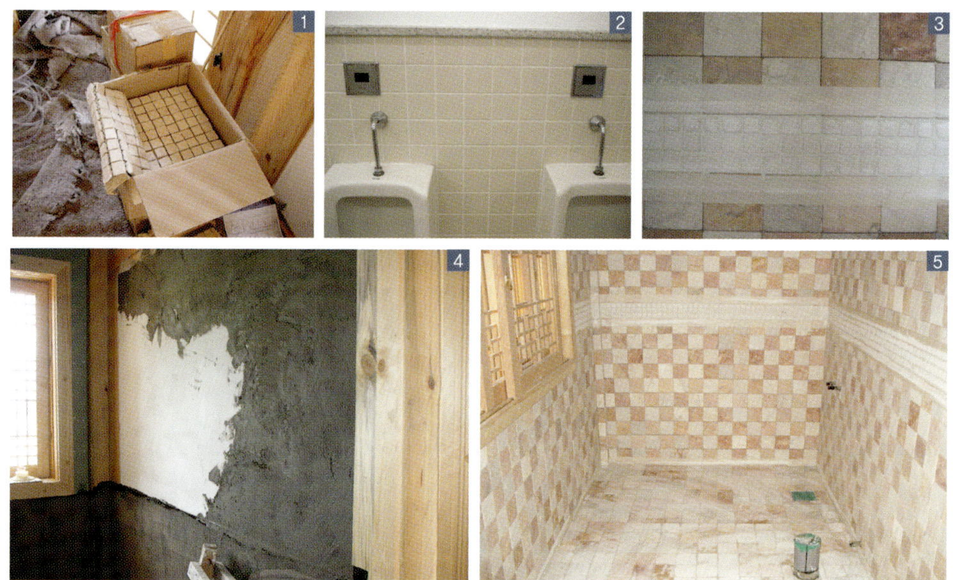

1 화장실 시공에 사용된 타일 2 100×100사용한 사례-간격 800 3 작은 타일과 큰 타일 나누기 상세 4 타일 붙이기 전에 썬코트를 마감한 모습 5 화장실 벽면에 타일 붙이기가 끝난 모습

일반적으로 타일의 종류는 여러 가지가 있는데, 유약의 방식에 따라 타일성형 후 유약을 바르는 시유타일과 점토에 색소를 미리 넣어 타일자체에 색이 들어 있는 무유타일이 있다. 이것의 구별은 시유타일은 옆모서리에 유약이 없고 무유타일은 유약의 색이 들어 있다. 도기질 타일은 주로 주택에 많이 쓰고 자기질 타일은 일반 사무실 계통에 많이 사용된다. 화장실 바닥에 사용되는 타일의 크기 선정에 주의 할 점이 있다. 우선 물이 상시 사용되고 있기 때문에 미끄럽지 않는 타일이 사용되어야 하며, 크기에서는 너무 작은 타일을 사용하면 타일 줄눈에 물때가 생기고 물이 자연스럽게 배수되지 않는 경우가 생길 수 있으며, 타일이 큰 경우에는 바닥물매 잡기가 힘들다. 화장실의 크기에 따라 적당한 크기의 타일과 물매 잡기 쉬운 타일을 선택해야 될 것이다.

화장실의 마지막 공사는 실링과 실링 속에 시공될 환기 설비이다. 두 개의 화장실 중 하나는 단독으로 설치되었지만 주방에 인접한 화장실의 경우 주방의 레인지 후드와 같이 연결시켜 설치하였다.

어느 정도 타일 공사가 끝날 무렵 샤워 부스 시공상 문제가 발생했다. 설계 초기단계부터 시공과정에서 철저하게 검토한다고 했지만 막상 화장실에서 실수가 생겼다. 다름이 아닌 샤워부스 폭을 고려하지 못한 창문계획으로 인하여 샤워부스 유리 칸막이가 창문 일부분에 겹쳐짐으로써 한지창호에 문제가 될 수 있다는 것이다. 해결방법으로 샤워

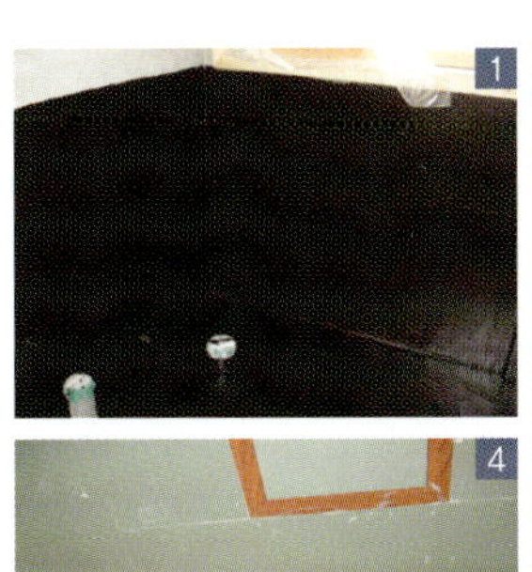

1 우레탄 방수한 모습 2 주방 후드와 연결된 환기설비 3 화장실 문의 모습 4 석고보드로 화장실 천정을 마감한 모습 5 보드 위 실크벽지로 마감한 모습

부스와 겹친 창호를 보호하기 위하여 샤워기 맞은편 벽에 고정틀을 설치하여 유리를 세워 창호부분을 보호하는 방법을 취하게 되었다. 샤워 부스의 출입문은 샤워 부스내의 공간 활용 등을 고려하여 여닫이가 아닌 미서기 문으로 설치하였다.

주택설계에서는 다른 상업건물과 달리, 창호계획 뿐 아니라 화장실 계획에서 우선적으로 고려해야 할 사항들 중의 가장 중요한 것은 그 장소에 사용하게 될 가구 및 도기의 크기, 종류, 배치에 따라서 문의 개폐방향, 콘센트 위치, 창호 위치 등이 정해지기 때문에 계획초기에 건축주와 충분한 협의 단계를 거쳐야 한다는 것이다.

6 화장실에 샤워부스와 도기가 설치된 모습 7 샤워부스와 창틀이 겹치는 부분과 뒷벽의 고정유리

부엌 공사

옛날 살림채 안에서 취사작업이나 난방과 관련된 공간을 부엌, 또는 정지라고 불렀다. 홍만선의 「산림경제」에는 아궁이를 만드는 데 좋은 날을 기술하고 있으며, 서유구의 「임원경제지」에서는 부뚜막을 만드는 법에서 부뚜막이 갖추어야 하는 형태를 설명하고 있다. 특히 아궁이를 만드는 날을 특별히 받을 정도로 '정지' 안에서 아궁이는 중요하게

전통민가 – 부엌 입구의 모습　부엌 내 수납장의 모습　가마솥이 있는 아궁이의 모습

인식되어왔다. 다시 말해 부엌은 신성한 불을 담는 공간으로서 상징적인 의미를 가지고 있다는 것이다. 이는 집이 완공된 후 '입택'이라는 의례에서도 무엇보다도 먼저 불씨를 아궁이에 안치하는 것으로 시작되는 것을 보아도 불이 주거생활에 얼마나 중요한 요건으로 여겨졌는지 알 수 있다. 부엌의 위치는 '좌향 보기'에서 부엌을 지칭하는 조(灶)가 '먹는 것이 있는 곳'으로 표현되는 삼요(대문, 부엌, 안방) 중의 하나로서, 반드시 풍수로부터 그 위치를 지정받아야 하는 것으로 인식되어왔다. 일반적으로 서쪽에 위치하는 경우가 많은데 이는 동쪽은 남성을 상징하고, 서쪽이 여성을 상징하는 것으로 구분되기도 한다. 창덕궁 대조전에는 대청을 중심으로 좌우에는 큰방이 딸려 있는데, 임금의 방을 동쪽에 배치하여 이를 '동온돌'이라 하였으며, 서쪽의 방을 '서온돌'이라 불렀다고 한다. 「삼국지」위지 동이전 변진(弁辰)조에는 "집에 부엌을 설치하는데 대부분 집의 서쪽에 시설된다"라는 기록이 있다. [집의 사회사, 웅진출판, 강영환, p.206~210]

현대 생활방식에서는 가스, 기름, 전기라는 여러 형태의 연료를 통해 불을 지피고 있다. 본 건물은 상시 거주를 위한 용도가 아닌 까닭에 부엌의 크기는 4.2m×3m로 건물 전체 넓이에 비해 넓지 않은 면적을 부엌으로 계획되었다. 화력은 가스관 매립의 어려운 점, 가정용 가스통을 설치하여 사용하기에는 외관상 문제점이 있을 수 있어, 전기를 이용하는 전기레인지와 간편한 요리를 할 수 있는 싱크대를 설치하였다.

설치할 때 문제점은 싱크대가 설치된 뒷벽이 한지로 마감되었다는 점이다. 음식을 하다보면 기름이나 국물이 튀어 지저분하게 될 수 있기 때문에 간단히 닦아 낼 수 있는 타일 등으로 마감되어야 했다. 그리고 개수대 바로 뒷부분 역시 나무창대가 바로 인접하여 개수대와 접하여 있기 때문에 나무창대가 빨리 상할 수 있는 염려가 있었다.

1 한지로 마감된 싱크대벽 2 전기 레인지가 설치된 모습 3 수납장과 후드가 설치된 모습 4 후드와 환풍장치가 완성된 모습 5 전면이 창호로 계획된 개수대의 모습 6 창호지를 바른 전통식 수납장

주요용어정리

우리나라 전기의 유래

우리나라에서 전기가 처음으로 사용된 것은 경복궁에 설치된 전등이었다. 이를 시작으로 호롱불과 촛불대신 전등이 어두운 방안을 환히 밝히게 되었고 서울시내에 가마와 마차대신 전차가 등장하였다. 이는 1898년에 고종황제의 명에 따라 우리나라 최초로 설립된 한성전기회사 때문에 가능하였다. 한성전기회사의 설립은 중앙의 발전소에서 배전설비를 사용, 불특정 다수의 일반가정과 사무실 등에 전기를 공급하게 됨으로써 근대적 의미의 전기사업의 시작을 의미하는 것이었다. 이는 1961년 7월 1일 한국전력주식회사로, 그리고 1982년 한국전력공사로 바뀌어 국민의 기업으로 다시 새롭게 태어나게 되었다.

근대화와 국가부흥의 길에 박차를 가하는 계기가 되었던 전력사업은 정부의 경제개발정책과 더불어 급속한 발전을 이뤄왔고 전력기술의 자립화를 위한 노력으로 이어져 기술개발을 통해 전기의 안정적 공급으로 국가 경제발전에 많은 기여와 공헌을 해왔다.

고멕이

주초와 주초 사이에 고멕이돌을 두는 것이 고급 제택(諸宅)이나 건물에서의 법식이었다. 신라시대의 진골(眞骨)이나 육두품의 집 정도라면 고멕이돌을 채택했을 것이라 추측하고 있다. 특히 방바닥에 방전(方甎)을 까는 등의 맨바닥이었을 경우라면, 고멕이돌이 있어야 끝 정리가 말끔하게 되었을 것이다. 고멕이를 설치할 때 주좌와 연결되지 않는 종류에서는 고멕이돌을 주초돌과 따로 만들어 설치한다. 자연석을 주춧돌로 사용할 때에도 역시 고멕이돌은 장대석으로 따로 만들어 설치한다.

기둥 사이, 주간의 하인방 밑을 받치는 시설을 하는 중에 고멕이돌 대신 화방벽(火防壁)을 쌓는 수도 있다. 보통의 살림집에서 구들이 있는 부위에 만들어 진다. 이를 고멕이벽이라고 부르는데, 하방을 노출시킨 채로 벽을 쌓는 방식과 하방까지 싸발라 숨기는 기법 등 두가지가 있다. 이는 구들고래의 불길이 하방에 직접 닿지 않도록 하려는 생각에서 창안된 기법이다. 고멕이벽 대신에 여모(廉隅)를 설치하거나 환기공을 끼우는 장치를 하기도 한다.

기단(基壇)의 종류

◎ 토축기단(土築基壇) : 진흙을 쌓아올려 만든 기단이고 견고성을 위하여 작은 돌을 섞어 쌓거나 와편 등을 섞어 쌓기도 한다. 토축기단을 죽담, 봉당이라고도 한다.

◎ 자연석기단(自然石基壇) : 크고 작은 자연석을 서로 이를 맞춰 쌓는 기단으로 살림집과 사찰건축 등에서 가장 폭넓게 사용되는 기단이다.

◎ 장대석기단(長臺石基壇) : 도로경계석과 같이 생긴 일정한 길이로 가공된 장대석을 층층이 쌓아 만든 기단을 말한다. 조선시대 가장 널리 사용한 기단이다.

◎ 가구식기단(架構式基壇) : 매우 고급스러운 기단으로 주로 고려 이전의 중요건물에서 볼 수 있는 기단으로 목조가구를 짜듯이 구성된 기단이다.

◎ 혼합식기단(混合式基壇) : 두 가지 이상의 기단을 혼합하여 형성된 기단

◎ 전축기단(塼築基壇) : 벽돌로 형성된 기단으로 흔하게 볼 수 있는 기단은 아니다(북경 천단의 전축기단도 가구식 기단에 벽돌을 막은 것으로 엄격한 의미에서는 석전혼합식 기단이지만 통상 전축기단으로 부른다.)

◎ 와적기단(瓦積基壇) : 기와를 쌓아올려 만든 기단

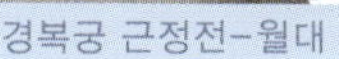
경복궁 근정전-월대

마곡사 대광보전-자연석기단

종묘 정전-장대석 기단

불국사 극락전-가구식 기단

불국사-혼합기단

초가-토축기단

북경 자금성-월대 전경

북경 자금성-월대 상세

북경 천단-전축기단

'방'과 '간'의 구분

우리전통 건축물의 공간들은 '무엇-방'이나 '무엇-간'과 같은 이름을 가지고 있다. 대목들의 용어체계에서는 '방'이란 사람이 자는 곳으로서 '간'과 구별되곤 한다. '간'은 짐승이나 물건을 수용하는 공간으로 인식되기에 사람이 기거하는 '방'과 구별되는 것이다. 또한 '방'은 신을 벗어야 하는 곳으로서 신을 신고 활동하는 '간'과 구별되기도 한다. 그래서 '간'은 치장이 필요치 안은 흙바닥으로 충분하지만, '방'은 온돌바닥에서부터 벽체, 천장에 이르기까지 깨끗하게 치장되어야 할 곳으로 인식하고 있다. 방은 사람이 사는 곳이기에 신성한 기운을 받을 수 있도록 성화(聖化)되어야 한다고 인식하는 것이다. 홍만선은

「산림경제」에서 방의 청결성과 신성성을 다음과 같이 설명하고 있다.

"사람이 자는 방은 마땅히 깨끗하여야 한다. 깨끗하면 영기(靈氣:신성한 기운)를 받지만 깨끗하지 못하면 고기(古氣: 혼탁한 기운)를 받게 되는데, 고기가 사람의 집을 어지럽히면 무엇이든지 하는 것들이 이루어지지 않는다. 일신도 그러한 것이니 마땅히 자주 목욕하여 깨끗이 해야 한다. [참고:집의 사회사, 웅진출판, 강영환]

집안을 시키는 신(神)의 종류

◎ 성주신 : 집의 가장을 보호하는 신으로 가택신(家宅神)들 중 가장 우두머리로 마루에 기거하는 신

◎ 조왕신 : '부뚜막신' 이라고도 하는데 본래 불을 주관하는 신으로 풍부한 식량 공급, 좋은 취사도구의 설비, 왕성한 화력 등의 의미로 등장하기도 하는 부엌을 지키는 신

◎ 삼신(산신(産神)이라고도 함) : 안방을 지키는 신으로 안방의 시렁 위에 단지형태로 모셔져 수태(受胎), 안산(安産), 명복을 기원하는 대상

◎ 측신 : 변소귀신, 변소각시로 불리어지며, 대체로 늙지 않는 영신으로, 신경질적이고 노여움을 잘 타니 건드리지 않는 것이 상책이라는 경원의 대상인 신으로 변소의 위치는 풍수로 정하고, 좋은 날을 받아 만들어져야 한다고 여겼다.

◎ 수문신 : 성주신을 지키는 수문신으로 문의 방위와 위치는 반드시 풍수로서 설치해야 하는 것으로 인식되어왔고 「산림경제」에도 기록되어 있다.

7 외부 공간 공사

우수배관 공사 및 마당 가꾸기

우수배관 공사

마당과 뜰은 집짓기 중 보통 맨 마지막 단계에 조성되기 마련이다. 또한 집이 마련되면 필연적으로 그것을 둘러싸는 외부공간이 생기는데, 이것이 바로 마당과 뜰이다. 뜰과 마당의 구분은 뚜렷하지는 않지만, 뜰의 경우에는 나무와 화초 등을 심어 무엇인가 담겨 있는 것에 비해 마당은 외견상 비어 있는 평평하게 닦아 놓은 땅을 의미하면서 농경사회의 다양한 기능들(혼례를 치르고, 수확물을 말리는 등)을 수행하는 것이다. 특히 우리나라 전통적인 마당에는 나무나 꽃을 심지 않는 것이 일반적이며, 꽃과 나무는 뒤뜰(후원)에 석가산(石假山)을 만들어 심는 경우가 많았다. 그리고 비어있는 마당 공간은 마사토로 이루어지는 경우가 많다.

우리나라 전통목조건축의 경우에는 빗물이 암키와의 골을 따라 지붕둘레 모두에서 마당으로 떨어진다. 일제시대에는 양철로 만든 비받이를 지붕선 끝에 설치하여 비를 한곳으로 유도하기도 했으며, 서양식 건물의 경우에도 빗물을 한곳에 모아 드레인이라는 물홈통을 따라 한곳으로 유도하여 빗물을 처리한다. 이에 반해 우리 전통목조건축을 보면 언제든지 빗물 떨어진 자국들이 기단(기단은 건물에 직접 빗물이 튀는 것을 막아주는 역할) 바로 앞마당에 생긴다. 이런 빗물들을 처리하기 위하여 현장에서 빗물이 떨어지

1 우수관에 구멍이 있는 모습 2 우수관이 처리되는 마지막 부분 3 우수관 매립 작업 모습 4 잡석으로 메우는 모습 5 배수구를 묻은 모습

는 자리에 우수관(Ø350㎜)을 매립하고 마당 밑의 우수관을 통하여 대지 바깥쪽으로 우수를 처리하는 공사가 시작되었다. 이때 매립되는 우수관은 둘레에 작은 구멍이 있기 때문에 빗물이 이 구멍을 통해 우수관으로 들어오게 되고 들어온 빗물의 일부는 땅으로 흡수되고 나머지는 우수관을 통하여 처리하게 된다. 이것을 시공하지 않을 경우 우기시 빗물이 마당으로 넘쳐 사람들이 접근하기에 곤란한 경우가 생긴다.

우수관 매립이 어느 정도 끝날 무렵 우수관 주변을 흙으로 메우고 그 위에 원활한 배수를 위하여 잡석을 덮었다. 그리고 잡석 위에는 우리나라 전통 마당에 사용되는 마사토로 마무리하였다.

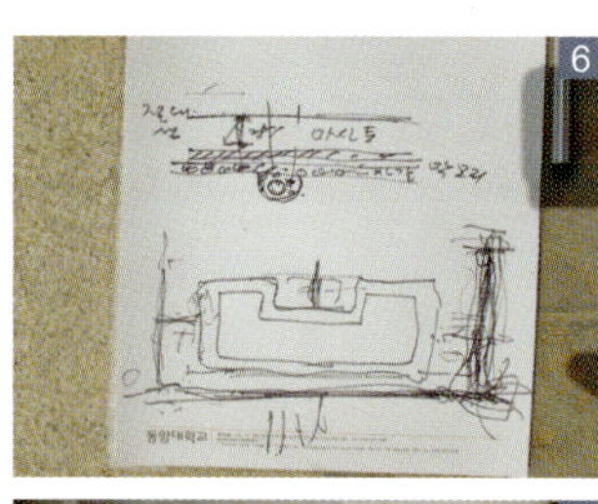

6 우수관 시공을 위한 현장 스케치 7 배수관, 잡석, 모래, 마사토 위에 배수구 설치된 모습 8 우수관 매립의 전체 모습 9 우수배관이 끝나고 마당에 잡석을 까는 모습

마당 가꾸기

외부공간을 마사토로 마무리한 후, 공사 관계자로부터 외부공간 마무리에 대한 문제점이 제시되었다. 다름이 아니라 본 건물이 자리한 위치가 다른 대지들 보다 높고 또한 지역적으로 바람이 많이 부는 지역인 탓에 마사토로 인한 먼지가 많이 생겨 관리상의 문제가 생길 수 있다는 것이다.

건축주와 공사 관계자들의 고심 끝에 외부공간에 잔디를 심기로 결정했다. 사실 마당에 잔디와 나무를 심는다는 것은 일제시대 이후 성행하기 시작한 조경수법이지 우리나라 전통조경 방법은 아니다. 우리나라에서는 예전부터 안마당이나 앞뜰에 나무나 꽃을 심지 않고, 담장 밑으로 화단을 만들거나 낮은 동산을 만들거나 괴석(怪石)을 석분(石盆)에 심고 화분을 철따라 바꾸어 댓돌이나 화계(花階)에 늘어놓는 일을 즐겨하였다. 잔디를 깔면 집으로 반사되는 빛이 그만큼 줄어들어 이롭지 못하다고 생각했기 때문이다.

1 잡석을 깐 후 마사토로 덮은 모습 2 마당에 잔디로 마감하고 있는 모습 3 잔디 깔기가 끝난 모습

1 2004년 8월24일 건물 뒤쪽 정리되지 않은 모습

홍만선의 「산림경제」에는 정원에 나무를 알맞게 심는 법과 또는 나무를 심을 때 주의해야 할 일들이 자세히 설명되어 있다. 여기에서는 마당(口) 가운데 나무(木)를 심는 것이 좋지 않다고 하였는데 마당 가운데 나무를 심으면(口+木=困: 빈곤한 곤) 한곤(閑困)이라 하여 오래 심어 놓으면 재앙을 부르고, 집이 흥하지 못한다고 믿었고, 또한 집 앞뒤에 파초를 심는 것도 좋지 않다고 하였다. 그러나 본 공사에서는 지역적인 여러 이유로 인하여 마당을 잔디로 마무리하는 방법을 택하게 되었다. 뜰과 마당을 꾸미는 일은 물질적으로 여유가 있다고 해서 가능한 것은 아니다. 정원을 꾸미고 정성스레 돌보는 데에는 상당한 시간과 노력이 요구되기 때문이다. 따라서 정신적으로나 물질적으로 다급하게 쪼들리는 사람들에게 자기 집의 뜰이 제아무리 넓어도 정원을 꾸민다는 것은 그리 쉬운 것은 아니다. 그러나 본 공사에서는 잔디 밑으로 충분한 잡석 다짐 및 배수공사를 충분히 하였고, 또한 구조체 위에 조성되는 것이 아니라 흙 위에 조성되었기 때문에 물빠짐 등에 대해서는 큰 문제가 없을 것으로 기대된다.

정화조 공사

정화조 공사의 경우 현장에서 한번의 시공변경이 이루어졌다. 초기 정화조 위치는 도면대로라면 본 건물의 정면기준 우측공지에 매설하기로 되어있었다. 그리고 도면대로 정화조(70명 기준)를 고정시킬 콘크리트 외벽작업까지 완전히 마친 상태였다. 그러나 위치상으로 본 건물의 바로 우측에 너무 인접된 상태이고 또한 본 건물의 마당 조성 및 외부공간 활용면에서 문제가 있다는 건축주의 의견에 따라 정화조 위치가 변경되었다. 정화조 작업기간도 작업 중간에 정화조 위치 변경으로 의외로 길어진 것 같았다. 건축주는 초기 정화조 위치에 연못을 계획할 생각을 가지고 있었다(계획대로 연못이 시공되었음.)

정화조를 위치시킬 구조체가 완성되고 정화조까지 고정시킨 상태에서 변경은 작업인부로 하여금 많은 불평불만을 가져왔다. 이런 결정은 건축주의 안목에 따른 것이었다(연못 공사 부분에서 다시 설명하기로 한다.) 본인의 생각으로도 본 건물 바로 인접하여 정화조를 묻는다는 것은 외부공간(마당)을 활용하는 면에서 문제가 있을 수가 있지만 기술적으로는 최초의 정화조 위치가 현재 건축물의 화장실 레벨과 거의 차이가 없다는 것이다. 이런 경우 오물의 역류가 생길 수 있기 때문이다. 변경 후의 정화조 위치는 본 건물의 레벨보다 훨씬 낮은, 본 건물이 위치하고 있는 옹벽 아래 대지에 설치되었다.

1 변경된 정화조 자리 굴착 모습 2 4월6일 최초정화조자리 배근모습 3 시공전의 정화조 모습 4 4월 8일 거푸집 공사 5 변경된 자리에 정화조를 시공중인 모습 6 정화조가 완성된 모습

1 변경 전 정화조 자리 시공모습 2 변경된 자리 정화조를 고정시킨 모습 3 정화조 입구 마무리 공사모습

담장 공사

거의 모든 공사가 마무리되고 주변 정리가 끝나자 차량을 위한 진입도로, 옹벽 그리고 형식을 갖추기 위한 담장 공사가 이루어졌다. 본 건물이 다른 대지보다 높은 곳에 위치하고 있고 또한 차량의 진입에 대한 진동과 무게로 인하여 주변 흙들이 붕괴될 것을 미연에 방지하기 위하여 주변 옹벽 공사가 먼저 이루어 졌다. 옹벽의 형식은 대지 전면부에는 콘크리트로, 진입부에는 자연스러움을 연출하기 위하여 자연석 쌓기로 이루어 졌다.

옹벽이 완공되고 난 후 외곽도로 부분에서 시각적인 차단을 위하여 일부 담장 공사가 이루어졌다. 한옥에서 담은 외부와의 영역을 구분할 뿐 아니라 내부의 영역을 구분하는 중요한 역할을 한다. 그리고 담의 종류는 다양함에 비해 자연 그대로의 재료를 사용함으로써 인공적인 꾸밈이 적다는 것이 큰 특징이다. 재료에 따라 돌담, 흙담(토담), 흙돌

1 담장 중간부분에는 진흙을 넣고 앞뒤로 사고석을 고정시킨 모습 2 사고석을 쌓은 후 줄눈을 내고 있는 모습 1 (경복궁 태화전 주변) 3 사고석을 쌓은 후 줄눈을 내고 있는 모습 2 (경복궁 태화전 주변)

1 대지 전면부에 시공된 콘크리트 옹벽
2 차량 진입부에 자연석을 사용한 옹벽
3 마당 내부에서 촬영한 담장의 모습
4 외부에서 촬영한 담장의 모습

담 등이 있다. 그 밖의 성벽 등 담장의 종류는 매우 다양하다. 담은 지역과 신분에 따라서 그 기능이나 재료, 형식 등이 달리 쓰였다. 신분과 격식을 나타내는 담장 중 사고석 담장이 있는데, 이 담장은 궁궐이나 격식을 갖춘 살림집에서 화강석을 이용하여 쌓는 담장을 말한다. 그리고 경복궁 자경전 일곽은 대왕대비와 왕비가 사는 영성공간으로 담장도 화장벽돌을 이용해 각종 문양을 만들어 아름답게 쌓은 꽃담이 있다. 반면에 민가와 사찰에는 벽돌은 아니지만 기와 조각을 이용하여 문양을 만들면서 소박한 멋을 부린 담장도 많이 볼 수 있다.

본 공사의 담장은 사고석과 화장벽돌 대신 붉은 벽돌을 사용하여 시공하였다. 이 경우 사고석은 적벽돌의 안정감을 주기 위하여 밑부분 3단까지 쌓았다. 그리고 담장위에는 암막새와 수막새 기와를 얹어 마무리하였다. 서울 한옥 보존지구인 북촌(가회동 일대)의 경우, 담장에 막새기와를 쓰지 못하게 하고 있다. 실례로 창덕궁 낙선재(樂善齋)의 경우에도 담장에 막새기와를 사용하지 않았고 창덕궁 담장의 경우, 양동은 사용하였지만 기와부분에서는 막새기와를 사용하지 않고 수키와의 홍두께 흙 부분을 회로 막았다.

담장이 있으면 대문이 생기는 것은 당연하지만 본 공사에서는 위치적으로 높은 대지에 자리하고 있고 담장을 설치하는 경우 대청에서 바라보는 전경이 가릴 것을 우려하여 별도의 담장이 필요 없다는 주변사람들의 의견이 모아져 건물 전체에 담장계획을 취소하고 전면 외곽도로에 면하는 일부분에만 담장을 설치하는 것으로 시공되었다.

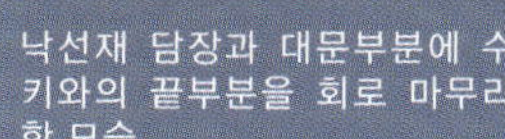

낙선재 담장과 대문부분에 수키와의 끝부분을 회로 마무리한 모습

양동을 사용한 외곽담장에 수키와 끝부분을 회로 마무리 한 모습-창덕궁

연못 조성과 진입계단 공사

연못 조성

2004년 7월 26일부터 본 건물의 오른쪽에 연못을 조성하기 시작하였다. 초기계획에서는 연못이 고려되지 않았지만, 외부공간의 전체적인 짜임새를 위하여 연못조성이 공사 중간시기부터 반영되기 시작했다. 그러나 연못 공사시작은 7월 말부터 시작되었다. 연못 공간 확보를 위하여 본 건물 좌측 대지의 절토작업이 이루어지고, 연못의 깊이를 고려한 웅덩이 파기 공사와 바닥을 다지는 작업, 바닥 방수작업이 순차적으로 이루어 졌다. 지금의 연못자리는 초기 정화조자리였다. 정화조가 본 건물 아래로 내려간 것도 공사 중간에 연못자리를 확보하기 위해서였다. 연못에 유입될 물은 본 대지 경계부분에 흐르고 있는 기존 농수로 물을 이용하는 것으로 하였다. 이런 연못은 조경적인 의미가 강하지만 우리조상들은 단지 조경적인 의미로만 연못을 조성하지 않았다. 우리나라 전통 한옥은 목재가 주 재료였고 이는

향원정 유입구 유속을 조절하기 위한 장치

경복궁 향원정-둥근섬(當洲)의 모습

경복궁 향원정-둥근섬(當洲)의 모습

1 사람 진입을 위한 계단의 위치 2 진입다리를 위한 기초 공사 3 계단참부분에 받침기둥을 설치 4 사람진입을 위한 계단 공사모습 5 디딤돌을 고정시키는 과정

화재에 약하기 때문에 화재시 소방용 물로 사용할 수 있는 지혜가 담겨져 있다.

신영훈씨의 「우리한옥」에 의하면 예로부터 우리조상들이 연당(보통 화강석이나 반듯한 산돌로 만든 소규모 수교를 의미함)이나 연못(규모가 크다)을 만드는 것은 주변에 늘 습한 기운이 있어서이다. 그렇다고 뚜렷이 구분되는 것은 아니다. 일반적으로 연당은 집 울 안에 만들 수도 있으나 연못은 울 밖에 만드는 것이 보통이라고 서술하고 있다. 이런 표현에 의하면 본 공사의 연못은 정확하게는 연당이라 할 수 있다(연당(蓮堂)이란 연못가 또는 그 수중에 세운 정자, 연정(蓮亭)이라 풀이하고 있다.[한국건축대계Ⅳ, 한국건축사전 p.15]) 연당이나 연못은 집으로 덤비는 물기를 연못이나 연당으로 유도하여 집으로 향하지 못하게 하려고 만들기도 한다.

우리나라 전통 연못은 일반적으로 사각형 연못 중앙에 원형의 섬을 조성하곤 했는데, 여기에서 사각형은 땅(地)을 의미하고 가운데 둥근섬은 하늘(天)을 의미한다고 한다. 이런 연못 가운데 있는 섬을 당주(當洲)(참고: 당주(塘柱)-연못 속에 세운 돌기둥 또는 돌섬)라고 부르기도 하는데, 당주의 역할을 연못내의 물길이 섬을 돌아 썩지 않게 한다. 섬이 없으면 논에 물이 퍼지듯이 들어가 고이고 물이 흐르지 않아 자칫 썩기 쉽다. 하지만 섬이 있으면 물이 들어가는 입구에서 흘러드는 물이 섬 저편으로 흘러내리고 속도를

1 연못으로 수로를 연결하는 모습 2 연못주변에 흐르는 농수로 3 두번째 액체방수하는 모습 4 대지 우측에 연못 공사를 위하여 구덩이를 판 모습 5 연못에 방수를 위한 마감을 마친 모습

내며 흐르므로 그 만큼 산소가 공급되어 훨씬 덜 썩는다. 반면에 연못에 빠르게 유입되는 물 흐름 속도를 조절하기 위하여 연못의 물 유입구 바로 앞에 물의 속도를 줄이는 장치도 사용하기도 했다. 대표적인 사례로 창덕궁의 부용정, 경복궁의 향원정 등이 있다.

동시에 본 건물의 진입을 위한 계단공사도 시작되었다. 본 대지 자체가 사방으로 다른 대지에 비하여 높은 곳에 위치하고 있기 때문에 사람이 진입하기가 곤란하다. 공사기간 중에도 서비스 도로를 제외하고 사람이 진입할 수 있는 진입로가 없었다.

연못의 방수 공사가 끝나고 보호모르타르가 양생되자 연못의 가운데자리에 돌(蓮池石: 연못의 갓 둘레에 쌓는 돌) 붙이는 작업이 이루어졌다. 콘크리트의 딱딱한 느낌을 없애고 자연의 미를 살리기 위해 자연석으로 치장하는 작업이다. 여기에다 높지 않는 폭포를 만들 계획으로 인공낙차를 연출할 구조물도 만들었다. 이런 폭포가 있는 연지는 산속의 정자 또는 휴식공간에 사용하는 방식으로(사례: 소쇄원 등) 민가에서는 사용하지 않는 조경수법이다. 우리 민가 연지에는 앞에서도 언급되었듯이 물이 소리 없이 들어왔다가 소리 없이 나가는 방식을 취하고 있다. 연못 가운데 자리 및 인공 폭포구조물의 콘크리트가 양생되자 주변을 자연석으로 치장하고 나무를 심기 시작했다. 인공폭포도 주변의 자연석과 소나무로 자연스럽게 꾸며졌다.

9월 7일 경에는 연못중앙에 모터설치 공사가 이루어졌다. 이 공사는 연못의 물로 이용되는 농수로의 경우 12월부터 3월경에는 물이 말라버리기 때문에 이 기간 동안에는 지하수를 이용하여 연못에 물을 담기 위해 설치하는 것이다. 연못 공사이외 건물 주변 정리 작업 그리고 경계선 부근으로 나무 심기 공사가 이루어졌다.

1 폭포를 만들 콘크리트 구조물 2 폭포구조물이 완성된 모습 3 인공폭포가 완성된 모습

1 자연석 쌓기가 마무리된 상태 2 자연석으로 주변지형 맞추기 3 주변으로 관목을 심은 모습 4 연못중앙에 모터를 설치하는모습 5 연못 가운데 자리를 자연석으로 치장하는 모습 6 폭포를 만들 구조물과 주변 조경작업 모습 7 인공폭포부근이 조경으로 감추어진 모습 8 연못이 완공된 모습

진입계단 공사

진입계단 공사를 위하여 우선 계단을 올릴 콘크리트 슬라브 공사가 이루어졌다. 슬라브가 어느 정도 강도가 생기자 길이 2.7m, 높이 15㎝, 폭 30㎝의 장대석(화강석)을 기존의 경사 콘크리트 슬라브에 고정시키고 장대석을 경사 슬라브에 고정시키기 위하여 경사 슬라브와 장대석 사이에 사춤 모르타르를 채웠다. 며칠 뒤 사춤 모르타르가 어느 정도 양생되자 계단 공사가 본격적으로 시작되었다. 먼저 계단 난간을 받칠 돌을 디딤돌 위에 배치하고 원통형 화강석 난간(Ø12㎝)을 받침돌에 끼워 고정시키는 방식으로 이루어졌다. 경주 불국사의 청운 · 백운교와 연화 · 칠보교의 돌계단의 경우에는 목조건축양식을 본받아 난간 밑에는 화반(花盤)과 같은 형식으로 난간받침을 사용하여 난간을 받치고 있는 모습을 볼 수 있다.

청운 · 백운교의 화반 모습의 난간받침

불국사-청운 · 백운교의 전면모습

경복궁(근정전)월대-화려하고 섬세하게 조각된 난간받침

220

1 난간 돌(φ12㎝)의 모양 2 난간돌을 받침돌에 올려놓은모양 3 계단 공사 모습 4 공사중인 계단 측면의 모습 5 2.7m의 장대석과 난간이 어울러진 모습 6 진입계단이 완성된 모습 7 진입계단 위에서 밑을 바라본 모습

주요용어정리

▌배수로

조선중기에 지어진 경남 거창의 정온선생 생가 안채의 경우, 기와에서 기단 앞으로 떨어지는 빗물이 마당 쪽으로 침범하지 못하게 수키와를 마당에 묻어(세워) 빗물이 마당 쪽으로 흘러가는 것을 방지할 뿐 아니라 자연배수시키고 있다. 반면에 부엌 쪽으로는 빗물이 마당에 그대로 떨어지도록 하였다.

▌배수의 종류

◎ 오수 : 인간 체내로부터의 배설물을 포함한 배수를 말하며 변기, 싱크대 등의 배수

◎ 잡배수 : 세면기, 욕조, 싱크, 주방기구 등 일반기구에서의 배구

◎ 우수 : 빗물 등 더러워지지 않은 배수

◎ 특수배수 : 병원, 공장, 혹은 연구실 등에서의 배수와 같이 병원균, 방사성 물질 혹은 유류, 산, 알카리가 다량으로 포함된 물을 말한다.

▌안마당의 크기

안마당의 크기는 건물의 전체 규모에 의해 결정된다. 유교적 절제와 법식이 적용된 살림집의 안마당의 경우, 안마당은 연면적의 1/2~1/3의 범위이다. 이 범위보다 작아지면 답답해지고 커지면 황량해진다. 20세기초에 지어진 대부분의 한옥은 이 범위를 넘겨 널찍한 마당을 갖지만 무절제한 듯이 보이고 도시주택은 반대로 여유가 없어 보인다. 마당의 거리는 사랑마당의 경우 13m부근, 안마당의 경우 10m부근이며 이를 칸수로 환산하면 3~4칸이 되며 대부분의 안마당은 3×3칸, 3×4칸, 4×4칸, 4×5칸의 면적을 갖는다. [1986. 2 건축과 환경, 김봉렬, "방 밖의 방 – 안마당의 성격" p.87]

▌여백의 마당

안마당은 비어 있어야 한다. 비어 있어야 찰 수가 있다. 안마당에 정원시설이 되어 있는 예는 유배와 풍류문화가 깊이 배어 있던 남도 지방 일부에서나 볼 수 있을 뿐이다. 물론 일제 식민지에 일본인들의 정원 취미가 식민지의 지식층, 지주층에 유행하면서 가꾸어진 왜식 정원들은 많이 볼 수가 있다. 그러나 전통적인 안마당은 이처럼 관상용의 단일 목적을 갖지도 않고 흔히 말하는 다목적용도 아니다.

이곳은 목적 없는 영역이다. 바닥 또한 포장도 되어 있지 않다. 단순히 흙을 다져 약간의 배수 처리만 했을 뿐 어떤 시멘트 포장을 하거나 타일을 깔아 제법 현대식으로 개조한 예들을 보면 안마당이 갖고 있던 공지성(空地性)이나 무표정함은 사라져 버리고 내부에서 이루지 못한 기능의 충족만이 차 있을 뿐이다.

창덕궁-낙선재(樂善齋)의 후원 화계(花階)

낙선재는 본래 창경궁에 속하던 건물이었으나 근래에 창덕궁 건물로 취급하게 되었다. 이 건물은 1846년(헌종 12년)에 지은 것으로 본 건물에 석복헌(錫福軒)과 수강재(壽康齋)까지 합해 낙선재라고 부르고 있다.

낙선재 화계의 모습에는 굴뚝, 괴석 그리고 사계절을 알 수 있는 꽃들로 조화를 이루고 있다.

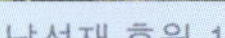
낙선재 후원 1

낙선재 후원 2

낙선재 후원 3

우리나라 전통 화단과 마당

예전부터 안마당이나 앞뜰에 나무나 꽃을 심지 않고, 담장 밑으로 화단을 만들거나 후원의 경우에는 낮은 동산을 만들거나 괴석(怪石)을 석분(石盆)에 심고 화분을 철따라 바꾸어 댓돌이나 화계(花階)에 늘어놓는 일을 즐겨하였다.

민가 담장 주변에 조성된 화단

비어있는 안마당의 모습(연경당)

이외 신라의 삼국사기에는 신분에 따라 담의 높이, 형태, 치장 등을 품계별로 제한하기도 하였다.

삼국사기 「옥사조(屋舍條)」에 기록된 신분에 따른 담의 규제

구분	진골	육두품	오두품	사두품(백성)
담장구조/높이	양동, 석회칠금지	높이 8척이내	높이 7척이내	높이 6척이내

* 양동 : 담장의 지붕 밑에 가로 보낸 서까래 모양의 부재를 말함 (창덕궁 사진 참조)

돌석축 위 와편을 이용한 토담-마곡사

우리 전통 민가 싸리 담장-풍기 선비촌

흙+돌+기와를 사용한 담장-풍기 선비촌

흙+돌 담장-풍기 선비촌

기와를 이용하여 멋을 낸 담장-경남거창 수승대

돌담-경주 기린사

암키와로만 쌓아 만든 담장-갑사

경복궁의 꽃담

양동이 설치된 사고석 담장-창덕궁

경주 기린사 와적 담장

십장생 굴뚝 담장-경복궁

옹성으로 이루어진 성벽-낙안읍성

물(水)+돌(石)=理想空間

예로부터 우리 주위에 물을 가두어 두거나 물의 흐름을 함께하는 건축공간은 인간에 의한 건축역사 시작부터 존재해 오고 있다. 또한 우리조상들은 개인이건 공동이건 가까이에 연못을 가지고 싶어 했다. 이와 같이 땅을 파고 물 흐름을 유도하여 필요로 하는 공간을 성립시켜 준 것이 돌이다. 즉 물을 인공적으로 처리하기 위해서 돌을 등장시켰던 것이다. 따라서 돌의 모임은 물 공간을 위한 것이고, 물 공간은 추상적 공간(안압지와 임해전의 무산(巫山)12봉-神仙思想)의 설계의도를 만족시키는 최고의 방법이 되었다. 이러한 신선의 건축공간에는 물과 산과 새와 꽃, 그리고 사람이 있을 건축이 필요하였다. 이 모든 것은 현실의 존재가치를 초월하여 질과 사상이 형이상학된 것으로써 추상공간을 이루게 된 것이다. [plus 8806 p.158 박언곤, 돌로 소재로 한 전통공간 3]

화반(花盤)

주로 익공집이나 드물게 주심포집에서 포와 포사이의 포벽(창방위에 위치)에 위치하여 장혀의 처짐을 받쳐주는 역할을 한다.

난간에서도 난간의 길이가 긴 경우 난간받침을 받치는 것은 같은 이치인 것 같다. 화반의 종류에는 동자형, 솟을(人자형)화반, 방형, 원형, 복화반형, 연꽃모양 등 여러 가지 있다. 그러나 모양이 다양하여 일정한 명칭을 붙이기는 어렵다.

인자(人)형의 경우 중국의 慈恩寺(자은사) 大雁塔(대안탑) 門眉石(문미석) 佛殿圖(불전도)와 일본의 法隆寺(법융사)금당의 난간에서도 볼 수 있다.

목화화반-봉정사 극락전

원형, 방형화반-부석사 응진전

꽃화반-경주 기린사

입주식

萬般紅紫見天眞

주련(柱聯) 달기

일반적으로 공사가 완공되면 대구(對句)의 율시가 새겨진 나무판을 기둥에 붙이는데 이를 주련(柱聯)이라고 한다. 거무튀튀하게 변색한 나무기둥에 흰 바탕에 먹으로, 또는 쪽빛으로 쓰인 주련은 채도의 강렬한 대비만큼이나 쉽게 눈에 띄며, 전통 건축물에서 풍류로 기록될 수 있는 대표적인 치장이기도 하다. 건물의 곳곳에서 발견되는 여타의 글들이 교훈적이거나 기품을 나타내는 것이라면 주련의 시구(詩句)야말로 집주인의 넉넉한 풍류를 잘 나타낸다고 할 수 있다.

본 건물의 주련은 김선원(TV 진품명품에 출연하는 서예가이자 고미술품 감정가)씨와 건축주가 두목(杜牧), 최치원, 정약용, 퇴계, 김정희의 시구에서 인용하여 사용하였으며, 건물 전면 기둥에 설치되었다. 주련의 개수는 총 14개가 설치되었으며, 각 주련의 내용은 아래와 같다.

1 기둥에 붙은 주련의 모습 1 2 기둥에 붙은 주련의 모습 2

六朝文物草連空 **(육조문물초연공)**
天淡雲閑今古同 **(천담운한금고동)**

육조시대의 문물은 풀처럼 공중에 이어졌지만

하늘은 맑고 구름이 한가로움은 예나 지금이나 한가지로다.

(唐@杜牧 詩)

平生性癖耽閑淡 **(평생성벽탐한담)**
不愛紅芳愛綠陰 **(불애홍방애녹음)**

평생에 괴벽한 성격 한가하고 담박(淡泊)함을 지나치게 좋아하여

붉은꽃 탐내지 않고 녹음을 사랑하였네.

(퇴계 선생의 詩)

造化從來不負人 **(조화종래불부인)**
萬般紅紫見天眞 **(만반홍자견천진)**

천지자연의 이치는 예로부터 사람을 외면하지 않으니

온갖 아름다움 속에서 꾸밈없이 참된 모습 보노라.

(퇴계 선생의 詩)

尋幽選勝卜築巖磴 **(심유선승복축암등)**
水月澄懷雲泉寄興 **(수월징회운천기흥)**

그윽하고 빼어난 곳 찾고 골라서 바위 비탈길에 점을 쳐 축조하니

물과 달처럼 맑은 회포를 구름과 샘물에 감흥을 부치노라. (최치원 선생의 진감선사 비문)

陶寫性情敷說道里 **(도사성정부설도리)**
緣境相愕神妙是寓 **(연경상악신묘시우)**

기쁜 마음으로 성질과 감정을 쓰고 사람이 행할 바른 길을 부연하여 설명하니

인연(因緣)의 경계가 서로 만나서 신비(神秘)하고 오묘함도 바로 생긴다.

(정약용 선생의 문장)

窮通釋典妙解玄談 **(궁토석전묘해현담)**
復貫穿儒九流七略 **(부관천유구류칠략)**

부처의 경전을 궁리하여 통하고 노장(老壯)의 심오한 뜻을 묘하게 해석하며

다시 유학(儒學)의 경전을 천착하고 구류(九流)와 칠략(七略)까지도 관통하라. (정약용 선생의 문장)

梅花三萬樹 **(매화삼만수)**
香入大江流 **(향입대강류)**

매화나무 삼만(三萬)그루에 꽃이 피니

향기가 마치 황하강(黃河江)물이 밀려오듯 흘러 들어온다.

(金正喜 선생의 詩)

현판식(懸板式)과 입주식(入住式)

주초놓기에서 문짝달기까지 공사의 전 과정이 끝나면 풍수가 정한 날에 건축주가 집에 들어가 생활을 시작하게 되는데 이렇게 집에 처음 들어가는 것을 '입주' 또는 '입택'이라고 한다.

그리고 입주(택)는 집을 처음 이용하기 전에 건물의 각 부위를 깨끗하게 정화시켜 신성하게하고 이로써 복된 생활이 이루어지기를 축원하기 위하여 입주의례를 치르게 된다. 이 의례를 통하여 가택신의 활동이 시작되고 있음을 의미한다. 가족과 가문으로서의 집을 잡귀로부터 보호하고 번영과 복락을 가져다 주는 이들의 활동이 시작되고 있는 것이다. 상량의 과정을 통하여 성주신이 탄생한다고 보면, 그의 활동이 시작되는 '입주(택)'는 마치 '백일'과 같은 통과 의례적 성격으로 비유될 수 있다.

본 건물의 입주식은 2004년 10월 9일 10시(巳時)에 이루어졌다. 부슬비가 오는 날씨라 야외행사가 많이 생략되어 간략하게 진행되었다. 먼저 김선원님의 입주를 위한 축사가 이루어지고 곧이어 현판식(주련달기의 내용에 의하면 편액이 된다. 일반인의 빠른 이해를 돕기 위해 현판식이라 하였음)이 이루어졌다. 현판의 내용은 현암정사(玄巖精舍)이다. 현암은 앞에서 잠깐 설명했듯이 건축주의 아호이고, 정사(精舍)라는 단어는 원래 불가나 도가에서 주로 쓰는 말이지만, 주자(朱子)도 스스로 '무이정사(武夷精舍)'라고 이

1 현판식을 알리는 현수막 2 처마밑에 걸린 현암정사 편액 3 입주식 제를 위하여 마련된 음식 4 입주식을 위하여 초청받은 내 · 외빈 5 입주식 축사를 하고 있는 김선원 선생

름붙인 집에서 살았다고 전하니, 유 · 불 · 선 모두에게 광범위하게 쓰인 듯하다. 옛날에는 입주식이 끝나면 집주인이 무엇보다도 불씨를 들고 대문을 열고 들어가 안방과 대청마루를 돌고 부뚜막에 솥을 걸고 아궁이에 불을 지피는 것이 순서라고 한다. 그리고 입주식에 참가한 사람들은 양초와 성냥 등 불과 관련된 물건을 집 주인에게 건네준다고 한다. 비록 불은 목조건축과 상극이라고 하지만 우리 생활의 필수적인 요소인 만큼 불이 일어나듯이 집안의 좋은 일이 활활 일어나라는 개념이 숨어있다고 한다. 그러나 본 건물의 경우 초기 아궁이 계획이 취소되고 전기난방과 전기취사로 설비가 이루어졌기에 이런 전통적인 행사를 치르지는 못했다.

6 대청마루에서 안방의 분합문을 연 모습 7 편액을 달은 정면 모습

주요용어정리

▌현판 / 편액 / 주련

우리가 고건축을 방문했을 경우 글자가 쓰인 나무판자가 처마 밑에도, 기둥에도, 대청마루에도 걸려 있는 것을 흔히 본다. 이것은 형식에 따라 현판, 편액, 주련으로 구분된다. 형식과 위치에 따라 현판, 편액, 주련을 구분하면 아래와 같다.

한옥의 재발견[주택문화사]에서 기술된 내용을 참고로 판단하면 현판과 편액의 차이가 일반인이 생각하고 있는 것과 반대라는 생각이 든다. 다시 말해 일반적으로 현판식이라고 하는 것이 편액을 다는 것을 의미하고 있기 때문이다.

◎ 현판(懸板) : 대청마루 위 창방에 빼곡히 글을 새긴 액자를 달아 놓는데 이를 '현판'이라 한다. 보통 자기 집의 내력을 기록하거나 집을 지을 때 여러 정황들을 소상히 정리한 것, 즉 상량식 때 적은 글들을 옮겨 적어 놓은 경우도 있다.

◎ 편액(扁額) : 보통 집주인의 아호나 주위의 풍광, 도덕적 교훈 등을 담은 내용으로 처마 밑이나 대청에 걸어 놓은 것을 의미한다. 옛날에는 집의 규모에 관계없이 당호가 있고 편액이 걸린 집이면 대개 동리(마을)에서 덕이 높거나 내력이 있는 가문인 경우가 많았다.

◎ 주련(柱聯) : 흰 바탕에 대구(對句)나 율시 등을 적어 기둥에 달아 놓은 나무판을 말한다.

현판과 편액이 같이 달려 있는 모습 (소수서원)

많은 현판이 달려 있는 모습 (소수서원 겸암정)

부 록

2003.09.16

2003.09.25

2003.09.30

2003.10.30

2003.11.04

2003.11.24

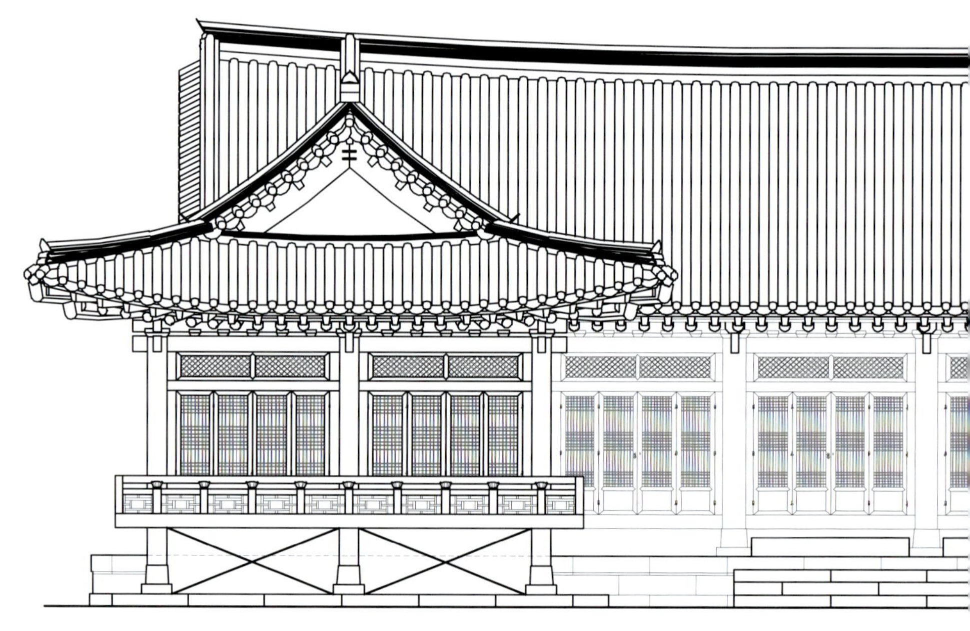

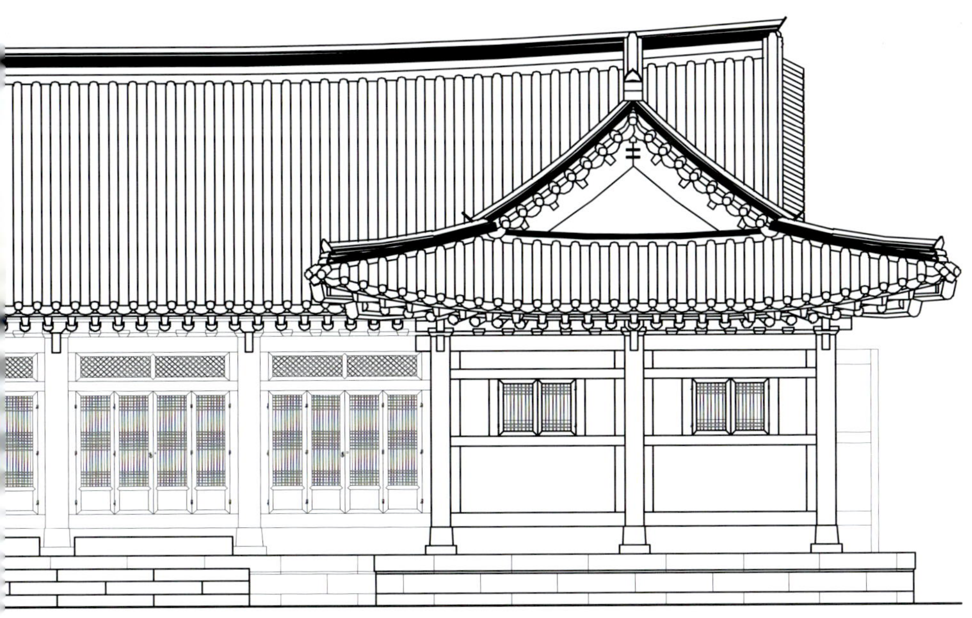

입면도

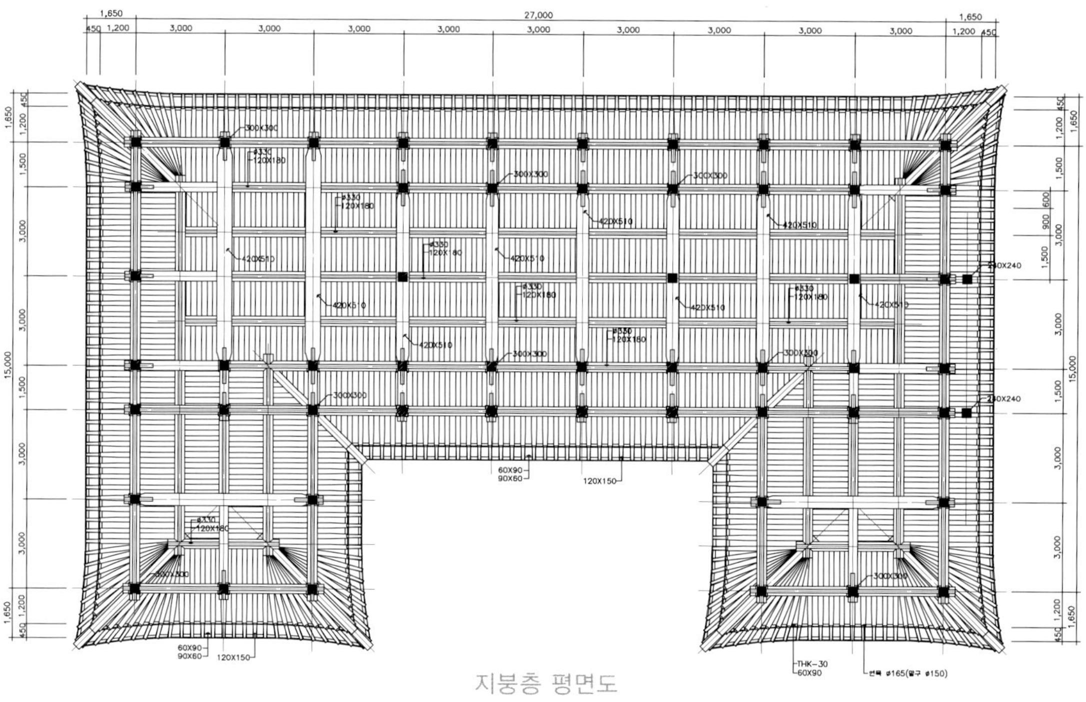
27,000
1,650
1,200
450
3,000
15,000
1,500
900
600
300X300
ø330
120X180
420X510
240X240
60X90
90X60
120X150
THK-30
연목 ø165(말구 ø150)

지붕층 평면도

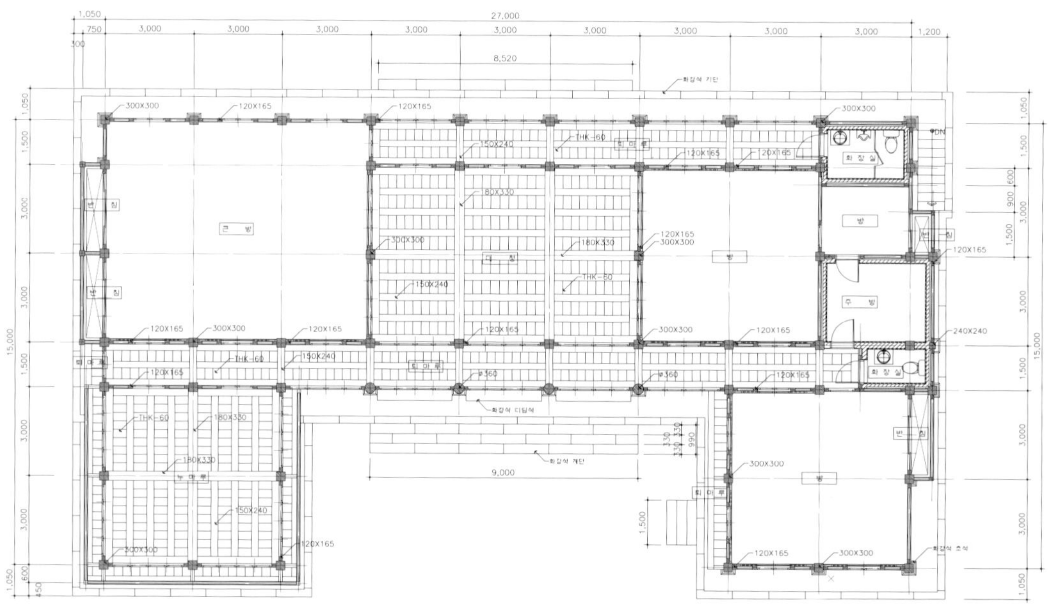
27,000
1,050
750
3,000
1,200
8,520
9,000
15,000
300X300
120X165
150X240
180X330
THK-60
240X240
ø360

평면도

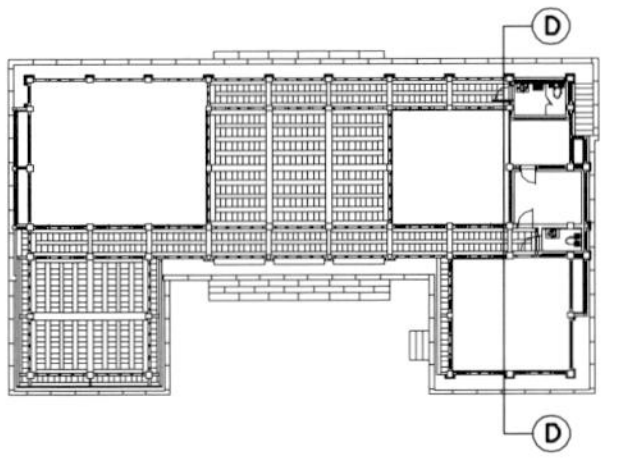

D
D
16,050 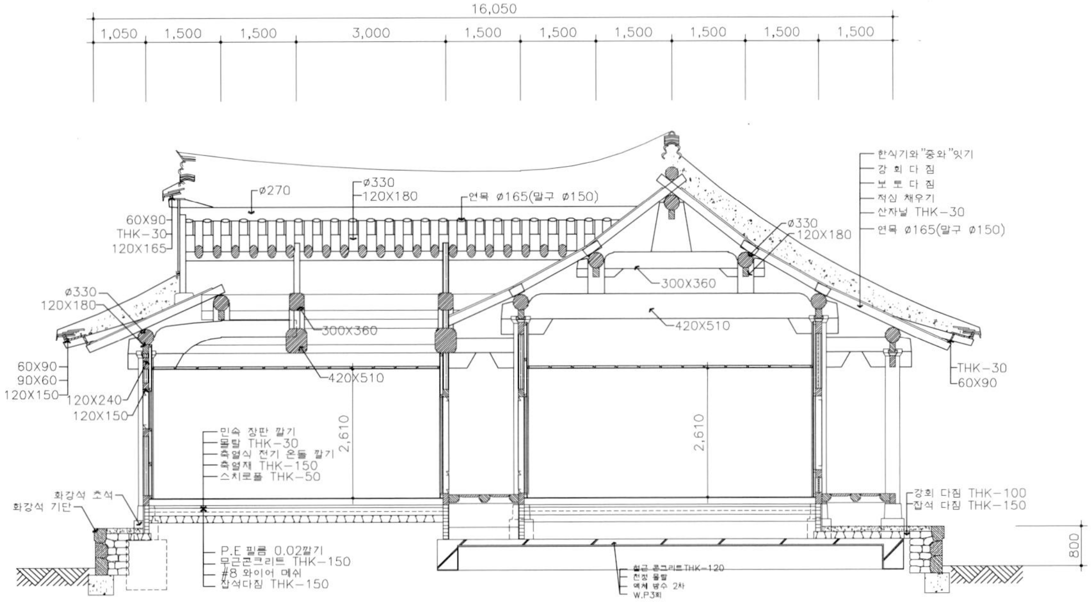
1,050
1,500
1,500
3,000
1,500
1,500
1,500
1,500
1,500
1,500
한식기와"중와"잇기
강 회 다 짐
보 토 다 짐
적심 채우기
산자널 THK-30
연목 ø165(말구 ø150)
ø270
ø330
120X180
연목 ø165(말구 ø150)
60X90
THK-30
120X165
ø330
120X180
ø330
120X180
300X360
420X510
300X360
420X510
60X90
90X60
120X150
120X240
120X150
THK-30
60X90
2,610
2,610
민속 장판 깔기
몰탈 THK-30
축열식 전기 온돌 깔기
축열재 THK-150
스치로폴 THK-50
화강석 초석
화강석 기단
강회 다짐 THK-100
잡석 다짐 THK-150
800
P.E 필름 0.02깔기
무근콘크리트 THK-150
#8 와이어 메쉬
잡석다짐 THK-150
철근 콘크리트THK-120
천정 몰탈
액체 방수 2차
W.P3회

단면도

■ 단행본

강영환, 『집의 사회사』, 웅진출판, 1995
강영환, 『한국의 건축 문화재 경남편』, 기문당, 1999
강영환, 『한국 주거문화의 역사』, 기문당, 1999
김동욱, 『한국건축 공장사 연구』, 기문당, 1993
김동욱, 『한국건축의 역사』, 기문당, 1997
김동욱, 『조선시대 건축의 이해』, 서울대학교 출판부, 1999
김도경, 『한옥 산림집을 짓다』, 현암사, 2004
김동영, 『건축미의 과학적 탐구』, 보문당, 2004
김동현, 『한국목조건축의 기법』, 발언, 2001
김동현, 『서울의 궁궐 건축』, 시공사, 2002
김봉열, 『가보고 싶은곳 머물고 싶은곳』, 안그라픽스, 2002
김성구, 『옛기와』, 대원사, 2000
김왕직, 『한국건축용어』, 발언, 2000
김정기, 『한국의 목조건축』, 일지사, 1997
박영순 외 7인, 『우리의 옛집 이야기』, 열화당, 1999,
발언 편집부, 『우리 건축을 찾아서 1, 2』, 발언, 1994
송민구, 『한국의 옛 조형의미』, 기문당, 1987
신영훈, 『우리 한옥』, 현암사, 2000
신영훈, 『한옥의 조형』, 대원사, 2002
신영훈, 『한국의 살림집』, 열화당, 1996
양금석 역, 『중국건축개론』, 태림문화사, 2003
오영근, 『인간 척도론』, 타임스페이스, 2002
윤용숙, 『어머니가 지은 한옥』, 보덕학회, 1996
윤장섭, 『한국건축사』, 동명사, 1984
윤재철 譯,(마츠우라 쇼우지 著), 『천년을 이어온 궁궐목수의 삶과 지혜』, J&C, 2003
이강근, 『한국의 궁궐』, 대원사, 1997
장경호, 『한국의 전통건축』, 문예출판사, 2000
장기인, 『건축구조학』, 보성문화사, 1984
장기인, 『한국건축대계 - Ⅰ, 창호』, 보성각, 2001
장기인, 『한국건축대계 - Ⅳ, 한국건축사전』, 보성각, 2001
장기인, 『한국건축대계 - Ⅴ, 목조』, 보성각, 2001
장기인, 『한국건축대계 - Ⅵ, 개와』, 보성각, 2003
장기인, 『한국건축대계 - Ⅷ, 재료』, 보성각, 2001
정민자, 『아름지기 한옥 짓는 이야기』, 중앙 M&B, 2003, 11
정인국, 『한국건축 양식사』, 일지사, 1995
조승원, 조영식, 『한식목조건축설계원론』,민음사, 1981
주남철, 『비원』, 대원사, 2000
주남철, 『한국의 문과 창호』, 대원사, 2001
주남철, 『한국의 목조건축』, 서울대학교 출판부, 2002
주남철, 『한국의 주택건축』, 일지사, 1997
진흥수, 『한국고건축박물관 자료집』, 한국고건축박물관, 2002
한국건축가협회, 『한국 전통 목조건축도집』, 일지사, 1996
한국건축역사학회, 『한국 건축사 연구』, 발언, 2003
한국국토개발연구원, 『營造法式 一, 二』, 한국국토개발연구원, 1984
한국고건축박물관, 『한국고건축박물관 자료집』, 도서 판 반, 2002
한동수 외 1인 『도설 중국건축사』, 세진사, 1992
주택문화사, 『한옥의 재발견』, 2002

■ 월간지

『건축과 환경』, 1993. 5월호
『건축 설계』, 1993. 12, 1994. 1월호(격월간)
『건축 설계』, 1993. 10, 11월호(격월간)
『건축사』, 한옥설계의 방법론적 고찰, 1992, 10 ~ 1993, 3
『건축사』, 營造法式 大木作制度, 김도경, 주남철, 1994, 9~12호
『건축사』, 營造法式 大木作制度, 김도경, 주남철, 1995, 2, 3, 5, 6, 9호

■ 보고서

서울특별시, 『운현궁 중수공사보고서』, 1996
문화재 연구소, 『조선후기 궁궐건축의 조영에 관한 연구』, 김동욱, 1990
문화재 연구소, 『봉정사 극락전 수리공사보고서』 1992
문화재청, 『독락당 실측조사 보고서』, 1997

■ 논문

김도경, 『한국 고대 목조건축의 형성과정에 관한 연구』, 고려대, 2000
김도경, 『조선시대 조영의궤의 공포용어에 관한 연구』, 고려대, 1992
김동욱 외 3명, 『조선시대 건축용어 연구』, 대한건축학회 논문집, 1990. 6
김동현, 『한국목조건축기법에 관한 연구』, 석사논문
김지훈, 『한국목조건축의 지붕부재에 관한연구』, 홍익대, 1984
김태곤, 『중국〈營造法式〉을 토대로 한 한국 목조건물의 처마분석에 관한 연구』, 순천대 석사논문, 2003. 6
박기선, 『한국목조건축의 화반에 관한 연구』, 고려대, 1993
배지민 외1인, 『전통목조건축 지붕곡 결정과정』, 대한건축학회 2003년 춘계학술발표논문
유성희, 『한국목조건축 결구방법에 관한 연구』, 고려대, 1987
윤희상, 『한국 중세 목조건축 기법에 관한 연구』, 홍익대, 1998
이연노, 『한국 전통목조건축의 보에 관한 연구』, 고려대, 2002
이호석, 『한국목조건축의 추초석에 관한 연구』, 동국대, 1976
이화동, 『고려시대 목조건축의 한 · 중 비교연구』, 울산대, 1998
정인종, 『한국 고대 목조건축의 목결구체계 비교연구』, 연세대, 1993
주상훈, 『목조건축의 도리 결구재의 유형분류』대한건축학회 2003년 춘계학술발표논문
최수영, 『조선시대 상류주택공간의 중심성에 관한』, 서울시립대, 2001
최지혁, 『한국 전통목조건축 도리 배치에 관한 연구』, 고려대 석사논문, 2001. 7
함동열, 『한국 고건축의 구조체에 관한 연구』, 연세대 석사논문, 1974. 12

■ 웹사이트

http://www.hanok.org : 한옥문화원
http://web.edunet4u.net/~hanok : 한옥 이야기

공사 마무리와 맺음말

2003년 6월 15일부터 초여름부터 시작된 현암정사(玄巖精舍) 공사는 약 1년 6개월 이상에 걸친 공사 끝에 2004년 8월 말경에 진입계단 공사를 마무리하면서 현암정사 전체공정의 마무리 단계에 접어들었습니다. 건평 약 100평의 넓이(약 322 ㎡) 공사에 1년 6개월 이상의 공기가 걸렸다는 것은 현대 건축기술로는 이해가 되지 않을 수도 있습니다. 그러나 본 공사에서는 자연의 섭리 – 나무를 건조하고, 동절기동안 공사를 중단하고, 자연 그대로의 재료인 흙으로 벽을 바르고 또 건조시키는 등 – 에 따라 전통방식 그대로 공사를 진행하였고, 부재 하나 하나 기계적인 힘을 빌리지 않고 사람의 손으로 직접, 정성으로 잇고 맞추며 만들어낸 우리 선조의 지혜가 담긴 건축물이라 할 수 있습니다.

비록 전통건축의 양식에 따라, 어떤 자재를 쓰느냐에 따라 평당 건설비용이 크게 달라질 수 도 있겠지만, 본 공사는 현대건축에 비해 4~5배라는 엄청난 공사비용(약 1,500만원/평당)이 소요되었다. 그러나 건축비용을 제외하고도 세계화 시대에 더욱더 우리의 전통건축 방식과 문화에 대한 생각을 다시 하게끔 하는 건축물이라 생각됩니다. 본인 역시 터잡기에서 완공까지의 시공 전과정을 기록하면서 건축인의 한 사람으로서 우리건축을 너무 몰랐던 것이 부끄러웠지만 이번 공사를 계기로 우리조상들의 지혜와 자연을 사랑하고 자연의 재료를 다루는 슬기를 알고 배울 수 있었던 좋은 기회였다고 생각합니다. 요즈음처럼 패스트푸드에 길들여지고, '시간은 돈이다' 라고 여기는 현대인에게는 이런 비용과 시간을 들이면서 우리전통 문화를 지키고자하는 사람들이 이해가 되지 않을 수 도 있습니다.

본 공사의 시작에서 마무리까지 전 과정을 지켜본 본인으로서 우리 전통건축이 지켜지고 후대까지 이어지기 위해서는 시대의 흐름에 맞추어 변형, 응용되어야 하겠지만, 우선적으로 해결해야할 문제점을 아래와 같이 몇 가지 정리해 보았습니다.

첫째, 우리전통 건축에 대한 시공절차 및 뚜렷하게 고증된 전통건축 지침서에 관한 문헌들이 부족할 뿐 아니라 일반인들이 접하기에는 어려움이 있다는 것이다. 요즈음 현대인들 중에서도 옛것을 찾고, 우리 전통건축방식으로 집을 짓기를 원하는 수요가 다행히도 증가하고 있습니다. 그러나 전통건축에 대한 접근방법 및 절차에 대한 뚜렷한 방법을 몰라 포기하는 경우가 많이 있는 것으로 알고 있습니다. 비록 문화재청에서 등록된 전통건축 시공업체들을 소개해주고 있다고는 하지만 주로 종합 건설회사로서 목수들도 일정한 자격증을 갖춘 기능인들이기 때문에 일반인들이 소개받아 시공을 맡기기에는 너무 많은 비용을 지출해야하는 부담을 느끼는 문제점이 있습니다.

둘째, 전통적인 생활방식과 현대인의 생활패턴 변화에 따르는 설비적인 부분에 대한 연구가 부족하다는 것입니다. 현대생활에서는 전통적으로 호롱불을 밝히고, 아궁이에 불을 피워 난방을 하고, 실외의 재래식 변기에서 생리현상을 해결하는 방식이 아닌 만큼 현대인의 생활방식에 적합한 설비적인 해결방안들이 연구되어야 할 것이라 생각합니. 다시 말해 난방방식에 따르는 보일러실, 벽면으로 노출되는 콘센트와 전기배선, 주방으로 연결되는 가스관의 처리 등 현대인의 생활에 필수적인 사항들에 대한 시공이 무리 없이 이루어질 수 있는 설비적인 방법들이 강구되어야 할 것입니다.

셋째, 전통적인 시공방식의 현대적인 변형에 관한 사항입니다. 앞에서 언급되었듯이 설비방식의 변형에 따르는 시공방식의 개발입니다. 한 가지 실례로 현대인의 생활에 맞춰 건축물내부에 화장실을 계획하게 되는 경우, 전통방식의 흙벽에 방수를 하고, 타일을 붙이고, 화장실 도기를 설치한다는 것과 흙벽으로만 단열을 처리하기에는 다소 무리가 있다는 것입니다.

마지막으로 건축에서 가장 중요한 설계도면에 대한 내용입니다. 전통건축은 현대건축도면에 필수적으로 그려지는 부분디테일에 대한 도면이 절대적으로 부족하다는 점과 체계적인 도면관리가 되지 않아 다음 건축시 많은 어려움점이 있다는 것입니다. 아직까지 전통건축 은 공사현장마다 목수의 경험과 안목에 맡겨지며 공사과정 중에 '이렇게 합시다' '저렇게 합시다' 라는 상황 결정에 따라 시공이 이루어지는 곳이 대부분이며, 또한 지역의 문화, 관습에 따라 시공방식과 디테일이 다를 수 있다는 것입니다. 이런 상황에서 도면의 중요성은 더욱더 크다고 할 수 있습니다. 현대나 옛날이나 도면은 건축시공에서 절대적인 사항인 만큼 전통건축에 대한 체계적인 도면목록, 관리, 지침 등이 적실히 필요하다는 것입니다.

아무튼 공사기간과 소요된 비용으로 건축물을 좋고 나쁨을 판단할 수는 없겠지만 그렇다고 서양건축의 무조건적인 수용과 생활의 편리함, 경제적인 원리만을 추구하는 건축물만을 만들 경우 정작 꼭 물려받아야 할 우리 전통 건축물의 장점과 수 백년간 쌓여온 우리 조상들의 슬기로운 지혜를 놓칠 수 있다는 점을 기억해야 할 것입니다. 지금이야말로 우리의 전통적인 건축물이 세계에서 최고가 될 수 있는 지혜들이 필요한 시기라고 생각합니다.

본 내용이 전통건축에 대한 모든 시공방식을 소개한 것은 아니라고 생각합니다. 분명 부족한 점이 있을 것이라 생각합니다. 또한 본 내용에서 소개된 시공방법이 무조건 전통적인 시공방식이며 무조건 옳은 방식이라고는 이야기하지는 않겠습니다. 다만 전통건축의 시공과정을 처음부터 끝까지 기록하고 기타 서적들과 본인이 직접 촬영한 사례들을 첨가하여 본인 나름대로 성실함을 다했기에 전통건축에 관심을 가지고 계신 분이나 전통건축을 배우는 학생들에게 요긴한 지침서가 되었으면 하는 바램이 있을 뿐입니다.

2006. 2월

현암정사에서 황 용운